\\ 知っておきたい /

建設現場責任者の

基礎知識

Q&A

安全総合調査研究会 編著
代表 菊一 功

大成出版社

はじめに

　安全に関しては、統括安全衛生責任者や職長に対するテキストが多く世に出されていますが、現場責任者向けのものは少ないようです。

　現場責任者とは、元請にあっては現場所長、統括安全衛生責任者、監理技術者・主任技術者等現場の最高責任者にとどまらず、工事主任から「監督さん」といわれる元請社員も含まれます。さらに協力会社にあっては、現場に配置されている安全衛生責任者や職長まで広範囲な者を指しています。

　現場所長が現場不在時に、留守を預かる元請社員が、現場所長代理となり、現場責任者になります。たとえ、2～3年の経験しかなくても、その時点で、現場においては元請の現場責任者です。その場合、緊急を要する安全管理が求められる可能性もあり、自分で即決しなければならない場合もあります。

　本書は、このような場合に対応するための基礎知識を身に付けて頂くために、建設業の実務経験の豊富な方々による共同執筆となりました。

　これまでの執筆者の実務経験や各社のノウハウ等が設問および回答に表れているものと思います。

　本書は、現場責任者として、現場所長・統括安全衛生責任者から元請の若手現場社員、施工体制台帳に記載されている協力会社の安全衛生責任者までを対象としています。

　これからの現場管理の一助となれば幸いです。

　　平成26年1月

　　　　　　　　　　　　　　　　　　　　　　安全総合調査研究会
　　　　　　　　　　　　　　　　　　　　　　代表　菊一　功

研究会メンバーおよび執筆者

葛西　健三（カサイ　ケンゾウ）
建設業労働災害防止協会神奈川支部鶴見分会事務局長

金澤　稔（カナザワ　ミノル）
CES コンサルタント技術士事務所所長

菊一　功（キクイチ　イサオ）
元労働基準監督署長
みなとみらい労働法務事務所所長

黒田　敏浩（クロダ　トシヒロ）
（株）竹中工務店　東京本店安全環境部安全グループ課長

科野　正樹（シナノ　マサキ）
元（株）熊谷組首都圏支店安全部長
科野労働安全コンサルタント事務所所長

中村　達郎（ナカムラ　タツロウ）
鹿島建設（株）横浜支店専任部長

根岸　徹（ネギシ　トオル）
東急建設（株）安全環境部専任部長

松田　力（マツダ　ツトム）
元戸田建設（株）横浜支店CS部長

目 次

第1章 現場責任者の役割

Q.001 現場責任者とはどのような者ですか？ ……3

Q.002 現場責任者に、どのようなことが求められますか？ ……4

Q.003 私は、入社2年目で20歳の者です。元請社員としてマンション建築現場に配置され、ベテランの所長のもとで施工管理の補助をしています。所長が建築主との打ち合わせや本社での会議等で現場を離れたときは、元請社員は私1人だけとなり、協力会社の作業員が10人いる現場の安全管理を任されています。私は未熟者ですが、私が現場責任者となるのですか？ ……6

Q.004 措置義務者および実行行為者とはどのような者ですか？ 20歳の経験の浅い元請社員でも、実行行為者になりますか？ ……7

Q.005 現場所長不在時における安全管理はどのようにしたらよいですか？ ……10

Q.006 協力会社の作業員ですが、会社から特に責任者としての明確な指名はなく、グループの年長者ということで現場の責任者となっています。これでも責任者ですか？ ……11

Q.007 ある現場の協力会社で5人の作業員の単なるリーダーですが、現場の安全衛生責任者となっています。同僚の作業員が使用していた安全帯が不備で墜落した災害について、私が責任者として責任を追及されるのですか？ ……12

Q.008 安全衛生責任者を選任すべき事業場はどこですか？ 安全衛生責任者の職務はどんなものですか？ ……13

i

Q.009　監理技術者が有給休暇を取得したいのですが、代理者を選任しなければなりませんか？
現場代理人や統括安全衛生責任者、安全衛生責任者はどうですか？ ……14

Q.010　元請の若い現場責任者や協力会社の職長等は、作業員の不安全行動に対し注意を躊躇しているようですが実態はどうですか？ ……14

Q.011　現場責任者が不安全行動を注意しない理由は何ですか？
それをどのように解決すべきですか？ ……16

Q.012　私は、元請の工事主任ですが、現場で手すりが外されているのを発見した場合等は自らラチェットで補修しています。これは安全管理上正しいのでしょうか？ ……17

Q.013　元請が、協力会社の作業員の不安全行動を注意すると派遣法に違反するので注意できないといわれましたが、正しいですか？ ……18

Q.014　労働基準監督官が現場に監督にきました。
どのように対応したらよいですか？ ……19

Q.015　作業主任者は、現場の責任者ですか？
例えば、足場の組み立て作業中に安全帯をしない作業員が墜落した場合、足場の組立て等作業主任者が適切な指示をしていないと、作業主任者が処罰されるのですか？ ……20

Q.016　元請が足場を設置し、協力会社に使用させたときを例に、元請の協力会社に対する責任（注文者責任）と協力会社の事業者責任について教えてください。 ……21

| Q.017 | 特定元方事業者等の事業開始報告は、現場所長名で報告できますか？ | ……23 |

第2章 現場責任者としてのマネジメント

■2-1 工事管理業務の流れと現場責任者の仕事

Q.018	建設業の特殊性とはどのようなものですか？	……27
Q.019	施工管理の肝は何ですか？	……27
Q.020	現場責任者は、周囲から何を求められていますか？	……28
Q.021	PDCAのどれが一番大切ですか？	……29
Q.022	計画（P）通りに進捗しない場合はどうするのですか？	……30
Q.023	PDCAとは、具体的に何をすることですか？	……30
Q.024	労働安全衛生法は、事業者の作為・不作為を定めているので、作業所で就労する職長・安全衛生責任者は事業者ではないので処罰の対象外と考えてよいですか？	……32
Q.025	クレーンの玉掛けワイヤが破断した場合は、事故報告の対象になりますか？	……32
Q.026	枠組足場の最大積載荷重はどのように決めるのですか？	……33
Q.027	同一場所で作業主任者は、正・副の2人以上を指名しなければなりませんか？	……33

| Q.028 | 共同企業体において36(サブロク)協定を締結する使用者は、共同企業体の管理監督者ですか？ | ……34 |

| Q.029 | 労働者も安全衛生法違反を問われますか？ | ……34 |

| Q.030 | 建設現場には、どのようなリスクが潜んでいますか？ | ……35 |

| Q.031 | リスクには、純粋リスクと投機的リスクがあると聞いたことがありますが、どのように違いますか？ | ……35 |

| Q.032 | 労働安全衛生法令は、過失は問わないのですか？ | ……36 |

| Q.033 | 両罰規定とは、どのようなものですか？ | ……37 |

| Q.034 | 事前送検とはどのようなものですか？ | ……37 |

■2-2　建築工事の工程計画・工程管理について

| Q.035 | 建築工事の工程計画・工事管理の意義とはどのようなことですか？ | ……38 |

| Q.036 | 工程計画の役割とは何ですか？ | ……38 |

| Q.037 | 施工計画と工程計画とはどのようなものですか？ | ……39 |

| Q.038 | 施工計画における留意事項はどんな点ですか？ | ……40 |

| Q.039 | 工程計画の手順について教えてください。 | ……42 |

| Q.040 | 適正工期の考え方を教えてください。 | ……44 |

| Q.041 | 工程表の種類と特徴を教えてください。 | ……44 |

| Q.042 | ネットワーク工程表とはどのようなことですか？ | ……46 |

| Q.043 | ネットワーク工程表の種類と使用目的について教えてください。 | ……46 |

| Q.044 | ネットワーク工程表の表現方法を教えてください。 | ……47 |

| Q.045 | ネットワーク工程表の長所と短所はどのような点ですか？ | ……48 |

| Q.046 | ネットワーク工程表を利用した工程短縮手順について教えてください。 | ……48 |

| Q.047 | 工程計画・工程管理はなぜ必要なのですか？ | ……50 |

| Q.048 | 工程計画における工期算出のための基本事項はどのようなことですか？ | ……50 |

| Q.049 | 「表計算」による工期算出の手順を教えてください。 | ……52 |

| Q.050 | 工程検討例を教えてください。 | ……54 |

■ 2-3　現場責任者としての経営知識（原価管理・品質管理・その他）

| Q.051 | 原価意識を持つためには日頃よりどう心掛けていればよいですか？ | ……65 |

| Q.052 | 建設単価を知るにはどのような方法がありますか？ | ……66 |

| Q.053 | 実行予算を編成する上で重要なことは何ですか？ | ……66 |

| Q.054 | 現場における予実算管理で重要なことは何ですか？ | ……67 |

Q.055	協力会社に対して発注するにあたり心掛けることは何ですか？	……67
Q.056	契約前に着工させてしまうとどのような問題が生じますか？	……68
Q.057	設計変更・追加工事における注意点は何ですか？	……68
Q.058	協力会社請負工事における請負と常用（常備）小仕事の違いは何ですか？	……69
Q.059	歩掛りを知ることでどのようなメリットがありますか？	……70
Q.060	協力会社に対する請負代金を変更する場合の注意点は何ですか？	……70
Q.061	施工不良による協力会社からの戻入は可能ですか？	……71
Q.062	品質管理の不備が建設会社に及ぼす影響はどんなものですか？	……71
Q.063	工事施工中の構造物の不具合発生時の対応について教えてください。	……72
Q.064	「計画変更」および「軽微な変更」の手続きと所要期間を教えてください。	……72
Q.065	「国土交通省令で定める軽微な変更」とはどういうものをいいますか？	……74
Q.066	近年、品質におけるVEやCD、建築材料の高強度化や工法の省力化が進んでいますが、これらにどのように対応すべきですか？	……74

Q.067	協力会社に対して、品質を確保する上で重要なことは何ですか？	……75
Q.068	工期途中に設計変更が生じた場合、相手方（建築主・設計者）とどのように対応するべきですか？	……75
Q.069	最近、現場の品質管理の不備に起因するトラブルが多発していますが、その要因としてどんなことが挙げられますか？	……76
Q.070	施工中の建設物の不具合にはどのようなものがあるのですか？	……76
Q.071	工事請負契約に基づく瑕疵担保責任とはどのようなものですか？	……77
Q.072	建設会社はいつまで、どんな範囲まで瑕疵担保責任を負うのですか？	……77
Q.073	建築主から「この不具合は建設会社の「瑕疵」なのでは」と質問されました。建設会社としてどう対応すればよいですか？	……78

■ 2-4　現場の安全管理の責任と義務

| Q.074 | 現場の安全管理を行うには、安全衛生管理体制を組織的、効果的に進めることが重要といわれますが、統括管理体制の意義と義務について教えてください。 | ……79 |
| Q.075 | 現場の安全衛生管理体制の形態はどのようなものをいうのですか？ | ……82 |

| Q.076 | 統括管理における管理者の職務と必要な資格について、安衛法ではどのように定められていますか？ | ……83 |

| Q.077 | 特定元方事業者としての講ずべき措置には、どのようなものがありますか？ | ……87 |

| Q.078 | 関係請負人の講ずべき措置にはどのようなものがありますか？ | ……88 |

| Q.079 | 安全施工サイクルの意義と目的について教えてください。 | ……90 |

| Q.080 | 労働者には災害防止の責任はないのですか？ | ……92 |

| Q.081 | 建設現場の元請・協力会社関係において関係請負人の労働災害の防止責任は、現場全体の統括管理責任を負う元請にありますか？ | ……93 |

| Q.082 | 安衛法に定める安全措置を講じなくても、災害さえ発生しなければ処罰されませんか？ | ……95 |

■2-5　現場における環境管理（産業廃棄物適正処理）

| Q.083 | 建設副産物とはどのようなものをいいますか？ | ……96 |

| Q.084 | 排出事業者の契約締結者は代表者となっていますが、支店長や現場所長でもかまいませんか？ | ……98 |

| Q.085 | 産業廃棄物の収集運搬および処分を同一の業者に委託しようとする場合、収集運搬、処分それぞれについて、別々の契約書が必要となりますか？ | ……99 |

| Q.086 | 「再委託禁止」の条項で「他人に委託せざるを得ない事由」とは何ですか？ | ……99 |

| Q.087 | 産業廃棄物（無害なもの）を社有地へ放置しておくのは違反になりますか？ | ……100 |

| Q.088 | 型枠の残材を型枠業者に処理させていますが問題ないですか？ | ……100 |

| Q.089 | 民間工事で、建築主より総合商社Ａ社が請け負った工事について、躯体工事をゼネコンＢ社が、また設備工事をＣ社がＡ社との協力会社請負契約に基づいて施工しています。この場合の排出事業者は誰になるのですか？ | ……101 |

第3章　現場運営のセンスアップ

■ 3-1　人間関係のセンスアップ

| Q.090 | 工事に着手して3ヵ月経過した頃にお客様から14ヵ月の工期を1ヵ月短縮して欲しいとの要望がありました。当初から厳しい工程でスタートしたので要望に応えることは難しいのですが、上手に断る方法を教えてください。 | ……106 |

| Q.091 | 建築主の担当者は建築に関しては素人ですが、誠実に対応したいと考えています。担当者に接する際の注意点があれば教えてください。 | ……106 |

| Q.092 | 安全には十分注意して現場の管理をしていましたが、作業員の不注意で転倒による不休災害が発生しました。建築主は重大事件が起きたように受け取り、再発防止対策を求められています。小さなケガは現場ではある程度やむを得ないことをわかってもらうにはどのように説明すればよいでしょうか？ | ……107 |

> **Q.093** 契約図書に基づき工事を進めていますが、設計担当者から過剰な品質の設計変更を要求されています。建築主も望んでいないことですので断りたいのですが、上手に対応する方法を教えてください。 ……108

> **Q.094** 設計者の製作物の図面承認が遅くて工程が遅れる事態になっています。このような設計者とうまく付き合っていく方法を教えてください。 ……108

> **Q.095** 高層マンションの建設を担当することになりましたが、近隣住民から不当な建設反対運動が起こり係争となってしまいました。近隣の低層住宅からの景観が変わってしまうとの理由からですが、近隣住民の結束は固く「建設反対」ののぼり幕が現場の周囲に張られ、監視カメラが24時間現場を撮影するという異常な環境になってしまいました。どのように対応するのがよいでしょうか? ……109

> **Q.096** 建築主から指定された業者の施工能力が低いため、その工事をとても任せられません。当社と取引のある業者に代えたいのですが、建築主にどのように説明すればよいでしょうか? ……110

■3-2 現場でのトラブル事例と解決法

> **Q.097** 外壁の改修工事作業中に足場上で作業していた作業員のヘルメットが突風によって落下し、通行人に当たってケガをさせてしまいました。治療費の全額と見舞金を当方が負担して被災者と速やかに示談したいのですがどのように対応すべきでしょうか? ……111

Q.098 型枠組立て作業中のケガを当該作業所以外の資材置き場での労災と偽って労基署に報告しましたが、「労災の付け替え」が発覚し2次会社が有罪となりました。現場でのケガを元請に必ず報告させるための良い方法はありますか？ ……112

Q.099 鉄骨建方作業中に柱上部にいた鳶工が墜落して死亡しました。鳶工の安全帯未使用が直接の原因ですが、足場施設にも不備があり元請の責任も問われるかもしれません。このような死亡災害にはどのように対処すればよいのですか？ ……113

Q.100 「嘆願書」は具体的にはどのような内容にすればよいのですか？ ……114

Q.101 作業員7人が会社に集合してワゴン車に乗り合いで作業現場に向かう途中、交通事故で5人が負傷しました。所轄の労基署から業務災害と認定され、1人が休業することになったため労働者死傷病報告を行いました。労基署から「重大災害報告書」を提出するよう求められたため提出しましたが、不休災害でも3人以上の場合は重大災害となるのでしょうか？ ……116

Q.102 解体工事中に境界杭を破損させて隣地所有者に迷惑をかけた経験があります。
今回、新築工事において境界杭と塀を一次撤去させる必要があり困っています。どうしたらよいでしょうか？ ……116

Q.103 作業所前面道路を洗浄中に、歩道にはわせていたホースに自転車が乗り上げ、65歳の男性が転倒してケガをしてしまいました。2週間程度の外傷でしたが痛みがあるとのことで、その後3年間にわたって治療費を負担しています。この先どうしたらよいでしょうか？ ……117

Q.104 和解金を提示して示談を求めたところ、逆に提訴され和解金の10倍の損害賠償請求をされてしまいました。裁判に持ち込んだ方がよいのでしょうか？ ……117

Q.105 既存ビル解体工事中に近隣木造住宅の住民から騒音・振動が原因で加療が必要になったとの電話が入りました。直ちに状況確認のため、伺ったところ医療費の負担と慰謝料を求められてしまいました。騒音・振動とも行政が定める規制基準値の60dbを下回っているのですが、どのように対応したらよいでしょうか？ ……118

Q.106 ビルの石綿除去工事を請け負い、施工は問題なく完了しました。ところが、5年後に耐震補強工事を行った際に天井裏に石綿が残っていることが判明しました。建築主からは無償で除去することを求められていますが無償でやらなければならないのですか？建物竣工図に基づき石綿含有の疑わしき部分の調査を実施し、存在が確認された範囲の除去を請け負ったのですが、この場合どうすればよいですか？ ……119

Q.107 協力会社の設備業者が配管撤去の際に誤って石綿含有のおそれがある部材（配管保温材）まで解体してしまいましたがどうすればよいのですか？ ……121

Q.108 現場の同僚が、「地回りが来てどうにもならない。挨拶がわりとして所長が多少お金を払ったようですが、1ヵ月ごとにくるみたいだ！」と話しています。自分の現場でもそうなるのでしょうか？　何でそうなってしまうのでしょうか？ ……122

Q.109 繁華街での長期工事です。暴力団（組）の事務所も近く何らかのトラブルは避けられません。事前にどんな準備をしたらいいですか？ ……123

| Q.110 | 会社では地元の苦情や地回り対策など現場任せです。地回りの件で上司に相談すると「お前のところで何とかしろ！」「それがお前の仕事だろう！」といわれました。どう対処したらいいですか？ ……124 |

| Q.111 | 今度着工する小規模工事現場の近隣に暴力団事務所があります。大型車の出入りや交通規制をかけたりします。工事の説明に伺うことになりますがどうすればいいですか？ ……125 |

| Q.112 | 暴力団事務所から「あんたのところの下水工事で砂埋めのところに発生残土を埋めている。役所に届けるがいいか！」と連絡が入りました。事実関係がわからず苦慮しています。どうすればいいですか？ ……126 |

| Q.113 | 身なりの立派な来客があり「あんたのところの協力会社に△△興業ってのが入ってるが、あそこは作業員に金は払わないし、ケガしてもそのままだ。協力会社失格だ！そんな協力会社より、俺が責任もってやってやるから頼むよ！役所に知り合いもいるし！」といってきました。事実かどうかも不明で、お断りしたいがどうすればいいですか？ ……127 |

| Q.114 | 交通誘導員の誘導が悪いと指摘されました。こちらのミスもあり、お詫びをしましたが大声で怒鳴り、入れ墨をわざと見せ、カラーコーンを蹴飛ばしたりします。警察を呼びたいのですが仕返しが嫌です。対応の時間を費やすのも嫌です。何とかなりませんか？ ……128 |

| Q.115 | 地元の町内会顧問代理を名乗ってそれ風の2人が来ました。「隣の△△建設から地元賛助金と安全協力費をもらってるが、あんたのところも協力をお願いしたい！」同業他社が支払っているのに、当社が払わないと仕事に支障がでそうです。どうしたらよいか教えてください。 ……129 |

| Q.116 | 現場が暴力団対応に苦慮している様子で、会社ぐるみの防衛体制をつくりたいのですが何かいい知恵はありますか？　厳しい現場作業で捻出した大切な利益を働きもしない者が横取りして儲ける事態が許せません。どうすればよいですか？ | ……130 |

第4章　もしもの時の対応

■4-1　リスクマネジメントとクライシスマネジメント

Q.117	最近「総合リスクマネジメント」という言葉をよく聞きますが、どのようなことですか？	……135
Q.118	労働災害発生時の対応で事前に現場責任者として決定・準備しておくものを具体的に教えてください。	……136
Q.119	労働災害被災者の救出等で留意することを教えてください。	……140
Q.120	現場開設時での救急指定病院の選定で留意することは何ですか？	……141
Q.121	災害発生時の現場緊急対応について具体的に教えてください。	……142

■4-2　現場における労災保険

Q.122	協力会社の経営者が現場で災害にあった場合、労災保険の適用はどうなるのでしょうか？	……144
Q.123	通勤時も労災保険の適用があるのですか？	……145
Q.124	業務上の扱いになるのはどのような場合ですか？	……145

| Q.125 | 脳疾患、心臓疾患、精神疾患も労災認定されるのですか？ | ……146 |

| Q.126 | 労災隠しということをよく聞きますが、どういうことですか？ | ……146 |

| Q.127 | なぜ、労災隠しが起きるのですか？ | ……147 |

| Q.128 | 労災隠しはなぜ発覚するのですか？またその影響はどのようなことが考えられますか？ | ……148 |

■ 4-3-1　臨検監督への対応

| Q.129 | 臨検監督とは何ですか？また、その対応はどうすればよいのですか？ | ……150 |

| Q.130 | 臨検時に不備があるとどのような措置がされるのでしょうか？ | ……151 |

■ 4-3-2　災害調査への対応

| Q.131 | 速報しなければいけない災害とは？ | ……152 |

| Q.132 | 人身を伴わぬ物損事故でも速報しなければいけないのですか？ | ……153 |

| Q.133 | 通報のタイミングはどのようにしたらよいですか？ | ……153 |

| Q.134 | 災害調査の対応はどのようにしたらよいですか？ | ……154 |

| Q.135 | 再発防止対策の提出はいつすればよいのですか？ | ……155 |

XV

■ 4-4 労働災害の発生に伴う諸問題

Q.136 労働災害に対する刑事責任とは何ですか？ ……156

Q.137 行政責任とは何ですか？ ……157

Q.138 民事責任とは何ですか？ ……158

Q.139 社会的責任とは何ですか？ ……158

現場責任者の役割

第1章

概説

　現場責任者とは、元請にあっては現場所長、統括安全衛生責任者、監理技術者・主任技術者等現場の最高責任者にとどまらず、「監督さん」と呼ばれる元請社員も含まれます。さらに協力会社にあっては、現場に配置されている安全衛生責任者や主任技術者、職長まで広範囲な者を指しています。

　現場所長不在時に、留守を預かる元請の現場責任者は、その時点で現場の元請最高責任者の位置づけとなり、安全管理上緊急を要する場合は、即決が求められます。

　このような責任を持つことの意味づけを日頃から若手責任者に教育しておく必要があります。

　第1章では、現場責任者の役割について解説します。

Question 001

現場責任者とはどのような者ですか？

Answer

現場責任者は、次頁の表にある者、全体を称しています。

1．通称の呼び名であるもの

（1） 現場所長

対外的・営業的に使用されている、現場における元請の代表者です。

監理技術者（主任技術者）・現場代理人・統括安全衛生責任者を兼務する場合が多いですが、大規模建設現場では兼務しない場合があります。

この場合、監理技術者（主任技術者）は元請事業場との雇用関係が必要ですが、統括安全衛生責任者でない現場所長は出向社員や派遣社員でも違法ではありません。

（2） 現場監督

協力会社作業員が元請の所長以下、社員全体を現場監督と称しています。

この場合、現場監督は、出向社員や派遣社員、元請の新入社員で現場配置されて間もない者も含まれますが、災害が発生した場合に、このような者に対しても、実行行為者として処罰対象になる可能性があります。（Q004参照）

2．建設業法上の責任者

①監理技術者、②主任技術者、③現場代理人

3．労働安全衛生法上の責任者

（1） 統括安全衛生責任者（安衛法第15条）

協力会社を含めた規模が50人以上（ずい道等の建設等は30人以上）の元請事

業場が配置する責任者です。現場全体の統括管理を行います。現場を「統括」する者であり、出向者や派遣労働者の選任は要注意です。

（２）　元方安全衛生管理者（安衛法第15条の２）
　現場全体の統括管理を行う統括安全衛生責任者の指揮のもとで、具体的な法定の事項について実行する責任者で、現場では工事主任と呼ばれています。

（３）　安全衛生責任者（安衛法第16条）
　協力会社事業場が現場に配置する責任者で、具体的な法定の事項について実行する責任者で、職長・作業主任者・主任技術者との兼務が多いようです。

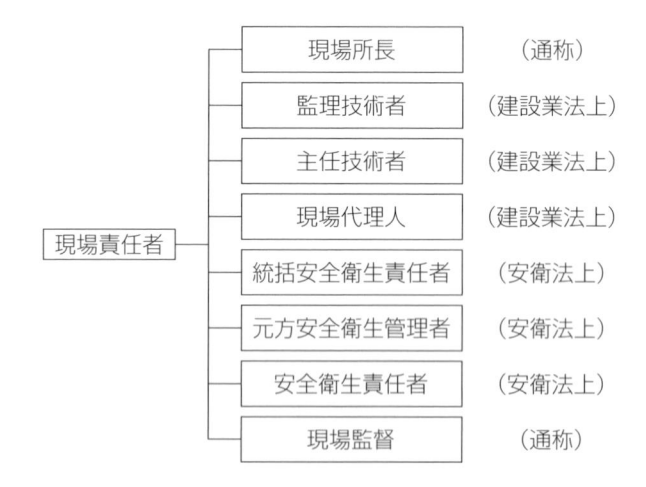

現場責任者		
	現場所長	（通称）
	監理技術者	（建設業法上）
	主任技術者	（建設業法上）
	現場代理人	（建設業法上）
	統括安全衛生責任者	（安衛法上）
	元方安全衛生管理者	（安衛法上）
	安全衛生責任者	（安衛法上）
	現場監督	（通称）

Question 002

現場責任者に、どのようなことが求められますか？

Answer

現場責任者に求められるものは、危険に対する感性を常に高めることです。

危険と感じたらすぐ行動、そして実行することです。

1. 大きな災害の発生には、兆候がある場合があります。これを事前に感じ取るかです。危険に対する感性、つまりアンテナを張っているかです。危険を危険と感じ取る感覚、つまり感性がないと現場でいかに危険な状態や、兆候があっても見逃してしまいます。

　これは、生まれながらの性格にもよりますが、責任感や他の災害を多く知ることで感性が高められます。

2. 手すりが外れていた、斜面から湧水がいつもより多い、近接して上下作業が行われていた、ガスの臭いがする等の情報を目や耳、鼻等で把握した場合、素早くリスク評価して、災害の程度と災害発生の可能性を瞬時に計算します。これが実行力です。

3. 死亡や重大な災害発生が予想され、かつその発生可能性が中程度以上なら即行動に移すべきです。これが行動力です。この場合、最悪な状態を想定します。

　行動としては、作業中止、各方面への連絡、協議、安全措置の確保等いろいろありますが、この場合、安全が確認されない場合は、すべて危険と判断して対処すべきです。

4. 責任者が危険と判断して事前に退避等しても、何も起こらない場合もあります。これにより工事が遅れることや多少非難されることも予想されます。

　しかし、安全責任者はこれをおそれて退避時期を失してはなりません。

　何も起こらない場合の非難は、甘んじて受けるべきであり、上司は今後の安全管理上非難することは避けるべきです。

5. 建設現場責任者には、当然施工管理を基本に工事全体を把握して関係する人を上手に使いこなし、対外的な折衝を積極的に進めていく能力が不可欠です。

現場の利益・安全・施工に対する大きなかじ取り役が現場責任者の仕事というべきです。

Question 003

私は、入社2年目で20歳の者です。元請社員としてマンション建築現場に配置され、ベテランの所長のもとで施工管理の補助をしています。所長が建築主との打ち合わせや本社での会議等で現場を離れたときは、元請社員は私1人だけとなり、協力会社の作業員が10人いる現場の安全管理を任されています。私は未熟者ですが、私が現場責任者となるのですか？

Answer

現場所長から責任者として現場を託されたのであれば、現場所長不在時における元請の安全責任者となります。現場における施工管理および安全管理の権限と責任を持つことになります。

1．現場規模が50人未満の場合で、統括安全衛生責任者の選任・報告義務はなくても、現場の安全衛生を統括する必要があり、『中規模建設工事現場における安全衛生管理指針』では、規模10人以上であれば「統括安全衛生責任者に準ずる者」の選任が求められています。安衛則第20条で求められている統括安全衛生責任者等不在時の代理者については、統括安全衛生責任者に準ずる者にも適用されると解釈しますと、質問者は代理者に任命されたともいえます。代理者については特に経験年数等の資格はありません。

しかし、安全管理上から、店社は社内基準で現場所長不在時の安全管理および代理者についての経験年数等の要件を定める必要があります。

2．このような現場所長不在時の現場は、安全管理体制が極めて脆弱な状態

となっていますので、留守を予定する所長は、若い社員が管理しやすいように事前に現場を点検し災害防止措置を行っておくとともに、協力会社の作業員に対しても安全指示に従う等、必要な手配をしておく必要があります。

3．他方、現場責任者を任された者は、現場責任者の自覚を持ち、統括安全衛生責任者に準ずる者としての必要な職務を行う必要があります。

4．現場所長不在時に、現場管理を任された実務経験2年目の20歳の元請現場責任者は、高さが2メートル以上の高所で手すり等の墜落防止措置がない足場を協力会社の作業員と一緒に使用していたところ、作業員4人が墜落し負傷した災害で、当該若い現場責任者が現場所長と共に送検された事例があります（検察庁において、現場所長は罰金刑、若い現場責任者は起訴猶予処分）。

5．現場所長が事故当時不在でも、足場に手すり等の墜落防止措置がなく、かつその状態で作業することを予見できた場合は、現場所長も被疑者となります。

現場所長が送検された場合は、相当の理由がない限り、若い現場責任者は起訴猶予処分か送検されない可能性があります。

Question 004

措置義務者および実行行為者とはどのような者ですか？
20歳の経験の浅い元請社員でも、実行行為者になりますか？

Answer

20歳の経験の浅い元請社員でも、実行行為者になる可能性はあります。

現場所長等不在時に、1人で現場の管理を任されたときに考えられます。元請の責任であり、特定元方事業者等に関する特別規則違反に該当する場合です。

(Q003参照)

1．措置義務とは

　安衛法等関係法令上、事業者（法人の場合は法人、個人事業の場合は個人事業主）や一定の身分のある者に課した危険防止措置義務のことをいいます。

　一定の身分のある者とは、経営担当者およびその者から現場安全管理を委任された部課長、現場所長・工事主任等現場責任者まで該当します。これらの者が措置義務者ということになります。

　一方、実行行為者とは、措置義務者のうち、実際に犯罪の事実を認識しているのに、危険行為を実行した者、あるいは、危険防止措置を実行しなかった者です。

措置義務者
事業者・社長・役員・部長・課長
・現場所長・責任者等

実行行為者
措置義務者のうち、実際に法令の禁止規定や作為規定に違反した者

2．危険防止措置義務の内容

　安衛法で措置義務の内容は、「しなければならない」と「してはならない」の2つのパターンがあります。

「～をしなければならない」のに、必要な災害防止措置を行わなかった不作為と、
「～をしてはならない」のに、これを行った作為
について、違反となります。

3．禁止規定と作為義務規定

　安衛法等は、事業者に対して、次の作為義務の形式と禁止の形式で規定しています。

（1）「～をしなければならない」（作為義務規定）

　作為義務規定の例として、「事業者は、移動式クレーンを用いて荷をつり上げるときは、外れ止め装置を使用させなければならない。」（クレーン則第66条の3）

（2）「～をしてはならない」（禁止規定）

　禁止規定として、「事業者は、移動式クレーンにより、労働者を運搬し、又は労働者をつり上げて作業させてはならない。」（クレーン則第72条）

4．違反

（1） 作為規定に対する違反

　「移動式クレーンを用いて荷をつり上げるときには、外れ止め装置を使用させなければならない。」のに、外れ止め装置のない移動式クレーンを使用させたこと。（クレーン則第66条の3違反）

（2） 禁止規定に対する違反

　「事業者は、移動式クレーンにより、労働者を運搬し、又は労働者をつり上げて作業させてはならない。」のに、法定の除外事由がないにもかかわらず、労働者を運搬し、又は労働者をつり上げて作業させたこと。（クレーン則第72条違反）

(法定の除外事由は、クレーン則第73条で専用とう乗設備等を設けた場合を規定しています)

Question 005
現場所長不在時における安全管理はどのようにしたらよいですか?

Answer

　現場所長が、店社の会議や研修、建築主との打ち合わせ、有給休暇取得、通院のために短期間現場を留守にすることが日常的に発生します。

　現場所長が留守にすることは、その間、安全管理能力の減少を意味し、後を託された者の経験年数や力量によっていかにカバーするかにかかっています。

　現場所長が不在時に、後を託された若手社員が管理する現場で災害が発生する可能性は高くなります。

　長期に不在となる場合は、直ちに代替要員を配置すべきです。

1．社員複数配置現場の場合

（1）　後を託された者の経験年数や力量にもよりますが、所長1人不足することはそれだけの安全管理の低下を意味します。

　所長は、現場を留守にする場合は、現場の状況を点検し、不備な箇所を改善させるとともに、不備が予想される箇所や作業についても事前に対策を講じておく必要があります。

　現場を短期間離れる場合であっても、後を託す者に対してはより詳細に指示します。

（2）　元請の統括安全衛生責任者や協力会社の安全衛生責任者が「旅行、疾病、事故その他やむを得ない事由によって職務を行うことができないとき」（安衛則第3条参照）は、法定の代理者の選任が要求されています（安衛則第20条）。

この代理者については特に要件は規定していませんので、元請の若手社員でも選任されますと、代理人の身分を持ち所定の義務が発生することになります。

2．1人所長現場の場合

協力会社だけで施工し、元請の社員が全く不在になることは、避けるべきであり、店社から代替要員を派遣するのが原則です。

やむを得ず本社からの代替要員を配置できない場合、協力会社に安全管理を委任している例がありますが、協力会社の現場責任者は単なる連絡係の機能しかないといえます。

協力会社に対し、契約書で元請の安全管理を委託している例も見られますが、災害があった場合に協力会社の現場責任者を元請の責任者とすることは困難です。

Question 006

協力会社の作業員ですが、会社から特に責任者としての明確な指名はなく、グループの年長者ということで現場の責任者となっています。これでも責任者ですか？

Answer

1．安衛法上の現場責任者については、経験年数や年齢、資格などはありません。

作業の責任者としての自覚を持ち、安全に関してもグループに対して一応の指揮関係があり、会社にも同僚にも暗黙に責任者として認められていた場合は、安全責任者、つまり危険防止措置義務者となりえます。

具体的には、職長等と責任者として呼称や腕章等で表示されているか、責任者として手当が支給されているか、会社から実質的に指揮監督権限が与えられているか等総合的に判断されます。

2．上記の要件を満たしていない場合は、単なるグループのリーダーであり、安衛法上の現場責任者とはいえません。
　この場合の現場管理責任者は、直接上位の者（社長等）となります。

3．請負系列において、責任者としての能力および明確な指名がない場合、形式的な責任者の場合は、派遣法上でも偽装請負とみなされる可能性があります。さらに、建設業者であれば施工体制台帳に記載する主任技術者未配置等の建設業法上の問題もあります。

Question 007

ある現場の協力会社で5人の作業員の単なるリーダーですが、現場の安全衛生責任者となっています。同僚の作業員が使用していた安全帯が不備で墜落した災害について、私が責任者として責任を追及されるのですか？

Answer

1．災害が発生した場合、労基署は、誰がこの災害を防止すべきであったのか、つまり危険防止措置義務者は誰かを調査します。
　単に、グループの年長者や形式的に責任者とされていても、現場責任者としての権限が与えられていない場合は、措置義務者とはならない可能性が高いといえます。

2．この場合は、安全帯の点検管理等、危険防止措置義務者は誰かを調査（捜査）します。
　零細な事業場であれば、社長等幹部がその措置義務者に該当するものと考えられます。
　社長等は、雇用している作業員が安全帯を使用している事実を認識していた

場合、社長等に安全帯の点検等を行う義務があります。社長等がそれを誰かに任せていた場合はその者にも義務があります。このように実際に安全帯の点検等を行う義務があるのにこれを怠った者を（犯罪の）実行行為者といいます。

Question 008

安全衛生責任者を選任すべき事業場はどこですか？
安全衛生責任者の職務はどんなものですか？

Answer

　安全衛生責任者を選任すべき事業場は、建設業の現場で、統括安全衛生責任者を選任すべき事業場以外の請負人（協力会社や孫請）が選任する必要があります。安全衛生責任者を選任した請負人は、特定元方事業者に遅滞なくその選任を通報する必要があります。

　安全衛生責任者の職務は、次の通りです。

1. 統括安全衛生責任者との連絡
2. その連絡を受けた事項の関係者への連絡
3. その連絡を受けた事項のうち、請負人に関することの実施についての管理
4. 請負人がその労働者の作業の実施に関する計画を作成する場合のその計画と特定元方事業者（元請）が作成する計画との整合性の確保を図るための統括安全衛生責任者との調整
5. 請負人の労働者の行う作業およびその請負人以外の労働者が行う作業によって生ずる労働災害に係る危険の有無の確認
6. 請負人がさらにその一部を他の請負人に請け負わせている場合、当該他の請負人の安全衛生責任者との作業間の連絡・調整

Question 009

監理技術者が有給休暇を取得したいのですが、代理者を選任しなければなりませんか？
現場代理人や統括安全衛生責任者、安全衛生責任者はどうですか？

Answer

監理技術者は、協力会社に対する請負金額が3,000万円（一式工事の場合は4,500万円）以上の場合に配置しなければならない建設業法上の技術者ですが、建設業法では代理者に関する規定はありません。主任技術者や現場代理人も同様です。

監理技術者・主任技術者・現場代理人

代理者の規定はなくても、有給休暇を取得することはできます。
公共工事の場合は、監理技術者・主任技術者・現場代理人の現場不在を厳格に管理していますので、建築主の監督員に対し事前に現場を不在にする旨の報告を行い、連絡体制等の指示を受ける必要があります。

Question 010

元請の若い現場責任者や協力会社の職長等は、作業員の不安全行動に対し注意を躊躇しているようですが実態はどうですか？

Answer

現場の安全の要であります、元請の特に若い現場責任者や協力会社の職長等の一部に、作業員の不安全行動に対し注意できない、黙認している者がいることは事実のようです。

第1章 現場責任者の役割

1．ここに、不安全行動を注意できるかという、意識調査を行った結果があります。

		必ず注意する（A）	注意しないこともある（B）	計（C）	％（B/C）
元請	所　　　長	284	4	288	1.4
	主　　　任	328	10	338	3
	係　　　員	285	15	300	5
	計	897	29	926	3.1
協力会社	経営者	310	28	338	8.3
	職　　　長	377	38	415	9.2
	作業主任者	39	6	45	13.3
	作業員	947	188	1,135	16.6
	計	1,673	260	1,933	13.5
総	計	2,570	289	2,859	10.1

出典「現場で使える安全衛生アイデアBOOK」（労働新聞社）

　注意しないこともあると回答した者は、協力会社の職長で9.2％、作業主任者で13.3％、元請でも3.1％おります。
　安全管理は、現場責任者が不安全行動に対し必ず注意し是正させるという前提で成り立っていますので、これを放置することは安全管理上問題です。

2．不安全行動があるのに見えていないのか、見えているのに注意しないのか、いずれにしても問題ですが、後者の場合はその責任者の心理が大きく左右しますので、問題はより複雑です。

Question 011

現場責任者が不安全行動を注意しない理由は何ですか？
それをどのように解決すべきですか？

Answer

　元請の若手社員、職長、作業員も含めた、何でも言いやすい「現場の雰囲気づくり」が重要です。風通しのよい現場は、お互いに不安全行動を注意しあえる環境です。
　これが元請の現場責任者の大きな職務といえます。

1．不安全行動を注意できない元請の若い責任者や協力会社の職長等を、ただ叱責するだけではかえって見て見ぬふりをし、危険性が増大します。注意できない背景を調査し、その障害を取り除く必要があります。必要によっては、ベテランの責任者と連携して相手に注意する体制をとるのも一法です。

2．不安全行動を注意しあう「一声運動」も有効です。
　しかし、他人に対し不安全行動を注意しますと、時として反発されることもあります。
　不安全行動に関する調査結果（「現場で使える安全衛生アイデアBOOK」（労働新聞社））によりますと、不安全行動を注意しない理由として、「注意すると気まずくなるから」が36.4％、「自分の仕事、職責に関係ない」が32.6％となっています。
　「注意すると気まずくなるから」注意しないのは問題であり、個々の責任者の個性（気の弱い等）が影響しますので、この場合は所長や主任クラスのベテランが組織として注意するしかありません。

Question 012

私は、元請の工事主任ですが、現場で手すりが外されているのを発見した場合等は自らラチェットで補修しています。これは安全管理上正しいのでしょうか？

Answer

現場で手すりが外されているのを発見した場合等は、直ちに、足場の使用を禁止し、協力会社の責任者に連絡して、手すり等の設置を指示すべきです。原則として、元請の社員が手すり等の設置を自ら行ってはいけません。

１．元請の社員の多くは、ラチェットレンチを所持して、手すりがない場合等は自ら設置している例も見られます。安全上緊急を要する場合は、元請が行うべきです。

しかし、協力会社作業員の不安全行為による設備の不備を、安易に元請が是正している姿勢は、協力会社が自ら安全管理を行う義務があるという事業者責任の自覚を失わせることになります。安全管理上協力会社に対し、是正措置を指示するのが原則です。

２．所長不在時の現場の安全管理を任された若い現場責任者は、協力会社責任者に指示することができず、自ら是正することが多いのですが、次の事例を参考に積極的に作業指示を行うべきです。なお、このような安全上の指示は、派遣法違反にはなりません。

災害事例

事前の打ち合わせにはないのに、協力会社作業員が勝手に深さ３ｍの開口部にはしごを設置して昇降していましたが、手すり等がなく墜落の危険がありました。現場所長が不在だったので、留守を任された工事主任が自ら手すりを設置することにしました。足場の支柱とするためスタンションを建てる途中でそ

の場所を離れた隙に、協力会社作業員が開口部に降りるため、はしごに移動しようとした時に墜落し死亡する災害が発生しました（当該主任は送検されました）。

元請現場責任者（主任）のとるべき措置

　所長不在のため、現場の安全管理を任された主任は、開口部に昇降するはしご等を使用しないことを、協力会社責任者と作業員に指示すべきです。

　主任は、協力会社責任者に対し作業をいったん中止させ、手すり等の墜落防止措置を行うことを指示すべきです。

　事前の打ち合わせがないのに、協力会社作業員が勝手に作業を行った事実を所長に報告し、当該作業を行った協力会社に対し、再発防止対策を指示すべきです。

Question 013

元請が、協力会社の作業員の不安全行動を注意すると派遣法に違反するので注意できないといわれましたが、正しいですか？

Answer

　元請が、協力会社の作業員の不安全行動を注意しても、派遣法違反にはなりません。

　逆に、注意しないと安衛法第29条違反になります。

１．元請が協力会社の作業員の不安全行動を直接注意しても、派遣法違反にはなりません。ただし、注意した旨を作業員の責任者に後日報告する必要があります。注意しないと逆に元請が安衛法第29条違反に問われます。

２．元請が施工管理上の作業指示を協力会社の責任者ではなく、直接作業員に行いますと、派遣法違反の可能性が高くなります。

現場に協力会社責任者が不在の時に、重大な災害が発生し、災害に関して直接法違反がありますと、作業指示をした元請が派遣先、作業員を派遣労働者として元請が事業者責任で送検されることもあります（派遣法違反では送検されません）。

Question 014

労働基準監督官が現場に監督にきました。
どのように対応したらよいですか？

Answer

労働基準監督官が現場に立ち入る場合は、定期的な監督指導の場合と、災害や賃金不払い等の発生した場合の災害時監督や申告監督の場合があります。
定期的な監督の場合は、通常予告なく実施されます。

1．現場を見たいといわれた場合は、必ず協力会社の職長を同行させます。
例えば、労働基準監督官から手すりの不備等を指摘された場合は、同行した職長に直ちに直させるよう指示します。
即時是正した場合や、労働基準監督官が現場にいる間に是正した場合は、労働基準監督官に是正した状況を確認してもらいます。

2．もし、労働基準監督官の巡視に職長が同行せず、元請の責任者が1人で対応した場合は、労働基準監督官から指摘されても即時是正できないことになります。巡視の間に指摘された箇所で災害が発生する可能性が高い場合、労働基準監督官は使用停止等命令書を交付することがあります。

臨検時現場の心得（ある会社の対応方法より）

1．ガードマンに労働基準監督官の対応を周知させる
2．労働基準監督官に横柄な対応は慎むこと（労働基準監督官も人間です）
3．所長自ら必ず同行して、しっかり説明すること
4．建築主の打ち合わせよりも労働基準監督官を優先
5．労働基準監督官より指摘を受けたらすぐその場で是正する（鳶工等を同行させる）
6．臨検の報告は現場から店社の安全管理担当責任者に連絡し、責任者が労働基準監督官へ指導のお礼の電話をしておくとなお良い

Question 015

作業主任者は、現場の責任者ですか？
例えば、足場の組み立て作業中に安全帯をしない作業員が墜落した場合、足場の組立て等作業主任者が適切な指示をしていないと、作業主任者が処罰されるのですか？

Answer

作業主任者に選任されたからといって、直ちに現場責任者に選任されたとはいえません。多くの場合、作業主任者が現場責任者に選任されているので、責任者になることはあります。

1．安衛則第565条では、一定の条件の場合「事業者は…足場の組立て等作業主任者を選任しなければならない。」と規定し、安衛則第566条で「事業者は、足場の組立て等作業主任者に、次の事項を行わせなければならない。」として職務を列挙しています。

2．「作業主任者は…しなければならない。」という規定はないので、選任された作業主任者が定められた職務を行わなかった場合は、行わせなかった事業者がその責めを負うことになります。ここで事業者は、作業主任者を雇用する事業者であり、具体的には作業主任者の上位にいる現場責任者です。

3．作業主任者が現場の責任者である場合は、責任者と作業主任者が同一の人間が兼務していますので、その者が安全管理上の責任者として処罰される可能性があります。

Question 016

元請が足場を設置し、協力会社に使用させたときを例に、元請の協力会社に対する責任（注文者責任）と協力会社の事業者責任について教えてください。

Answer

　安衛法は、基本的には雇用労働者に対する安全措置として、「事業者は…しなければならない。」、「事業者は…してはならない。」という形式で事業者責任を規定しています。元請は元請の従業員に対して、協力会社は協力会社の従業員に対して、それぞれ事業者としての責任を規定しています。
　しかし、安衛法は例外的に特別規制として、元請が足場のような建設物等を協力会社の労働者に使用させる場合等は、注文者としての責任を規定しています（安衛法第31条）。
　安衛法は、「注文者は…しなければならない。」という形式で規定しています。

1．現場においては、協力会社はすべて元請に安全を任せている傾向も見られますが、自ら雇用した作業員には自ら安全管理を行うことが基本原則です。
　足場の例を解説します。

|元請の責任|
　① 元請従業員に対して…安衛則第519条（手すり等を設置する義務）
　　元請が雇用する従業員に対する事業者責任です。
　② 協力会社に対して（注文者責任）…安衛則第653条（協力会社に安全な状態で使用させる義務）
　　元請が注文者としての協力会社に対する注文者責任です。

|協力会社の責任|
　① 協力会社従業員に対して…安衛則第519条（手すり等を設置するまで作業しない義務）
　　協力会社が雇用する従業員に対する事業者責任です。
　② 安衛則第663条（手すり等がないことを元請・注文者に報告する義務）
　　元請（注文者）の特別規制に対応した、協力会社に対する特別規定です。

2．これを図にしますと、次の通りです。

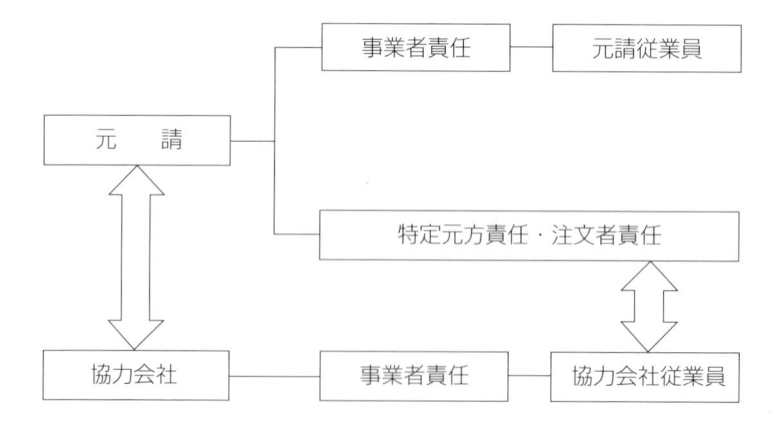

```
                  ┌──────────┐   ┌──────────┐
                  │ 事業者責任 │──│ 元請従業員 │
                  └──────────┘   └──────────┘
       ┌──────┐  │
       │ 元請 │──┤
       └──────┘  │
          ↕      │  ┌──────────────────┐
                  └─│ 特定元方責任・注文者責任 │
                    └──────────────────┘
                              ↕
       ┌──────────┐ ┌──────────┐ ┌──────────────┐
       │ 協力会社 │─│ 事業者責任 │─│ 協力会社従業員 │
       └──────────┘ └──────────┘ └──────────────┘
```

第 1 章　現場責任者の役割

Question 017

特定元方事業者等の事業開始報告は、現場所長名で報告できますか？

Answer

　報告は、特定元方事業者が行うものであり、基本的には店社の代表取締役名です。

　実務的には支店長名や現場所長名でも受理されています。

　しかし、店社の土木部長等の工事担当部署長名では受理されない可能性があります。

現場責任者としてのマネジメント

第2章

概説

　建造物の創造は、人々の知恵と技と力、そして汗の積み重ねによって成し遂げられるものであり、輝けるすばらしい仕事です。だからこそ、そのために生命を落としたり、負傷をすることは悲しいことであり、あってはならないことなのです。[安全第一の精神]

　また、建設工事においては、土木と建築では名称が異なっていますが、着工から竣工までの間に（共通）仮設工事、土工事、躯体工事、仕上工事、設備工事、雑工事など各種の工事を経て竣工に至ります。

　そして、輝けるすばらしい仕事かつ、知恵と技と力と汗の積み重ねが不可欠だからこそ、乗り越えなくてはならないいくつもの壁が存在しています。

2-1　工事管理業務の流れと現場責任者の仕事

Question 018

建設業の特殊性とはどのようなものですか？

Answer

建設工事には、
①単品受注生産（請負契約、同じものは無い）
②労働集約型生産
③屋外生産
④有期事業（着工から竣工という工期がある）
⑤元請と関係請負人が混在（故に役割分担がある）
⑥店社と作業所の役割分担がある
⑦リスクアセスメントは事業者が実施する（元請も協力会社も事業者）
⑧統括管理がある
という特殊性（条件）があり、同じ「ものづくり」の産業である製造業の工場とは異なる難しさがあります。

統括管理の中にリスクアセスメントを位置づけ、元請と関係請負人が役割を明確にし、連携を図ります。

Question 019

施工管理の肝は何ですか？

Answer

品質 Quality・原価 Cost・工程 Delivery・安全 Safty・環境 Environment・

27

管理 Management の Plan（計画）・Do（実行）・Check（評価）・Act（改善）サイクルをひたすらに回すことです。

現場責任者の使命は、業務を継続的に改善し、建設物を完成することであり、その成果が輝ける竣工です。

また、すべての管理の基本となる総合（全体）工程表は、遅くとも着工前には確立しておくことです。なお、総合（全体）工程表は、現場所長方針に基づき作成します。

Question 020

現場責任者は、周囲から何を求められていますか？

Answer

建設工事の特殊性（条件）をクリアし、高品質で、安全であり、環境にも優

しい「ものづくり」が求められています。これらの要求事項を第一線で指揮監督し、つくりあげる使命が現場責任者に課せられています。

Question 021

PDCAのどれが一番大切ですか？

Answer

　PDCAのすべてが重要です。なお、計画（P）は必須です。つまり、実行（D）／計画（P）＝1が条件です。ただし、計画（P）が最低基準をクリアしていなければ、意味がありません。ですから、関係法令、設計図書および各種ガイドライン等が存在しています。

表：現場心得および安全衛生管理計画書例

現場心得	建設現場においては、工事着工にあたり、総合（全体）工程表を作成しています。総合（全体）工程表は、工程管理はもとよりすべての管理の基本であり、「ものづくり」の原点となるものです。
計画書例	あるゼネコンでは、安全衛生目標を達成するためのツールである安全衛生管理計画書は、"元方事業者による建設現場安全管理指針（厚生労働省通達）"をベースとし、それらに年度末までの安全成績、システム監査結果分析およびリスクアセスメント等を評価（C）し、改善（A）すべき点を洗い出し、「安全衛生目標を達成するための重点実施事項」として定め、次年度の安全衛生管理計画に織り込んでいます。このように工夫することで、安全衛生管理水準の向上を図っています。

Question 022

計画（P）通りに進捗しない場合はどうするのですか？

Answer

　いろいろな要因により、当初の計画（P）通りに進捗しない場合や、もしくは進捗していても成果、効果が上がらない場合（例えば、巡視を実施しても、点検表のチェック項目に法違反事項が抜けていたために使用停止等命令や是正勧告書を受けてしまった等）が多くあります。ですから、工期途中適宜にCheck（評価）し、Act（改善）することが必要になります（つまり、計画（P）を見直し（C）、軌道修正（A）すること）。

Question 023

PDCAとは、具体的に何をすることですか？

Answer

Plan（計画）　：輝ける竣工をめざし策定する現場所長方針、作業所目標、安全衛生管理計画、工程表、施工計画、総合図、施工図をはじめ、作業安全衛生打合書などもPlan（計画）です。
Do（実施）　：Plan（計画）を具体的に行動していくことです。
Check（評価）：定期的または必要時にPlan（計画）の達成状況を測定し、評価することです。例えば、作業前日に職長・安全衛生責任者と連絡・調整した作業安全衛生打合事項もその進捗状況を作業日の作業安全衛生打ち合わせ会の際に元請社員と職長・安全衛生責任者で確認しています。
Act（改善）　：必要に応じて、軌道修正を実施します。例えば、天候など種々

の施工環境に起因して、作成時点からズレが生じた総合（全体）工程表を修正することです。

　なお、PDCA サイクルは、第二次世界大戦後、品質管理を構築したウォルター・シューハート、エドワーズ・デミングらが提唱した手法です。シューハート・サイクル、またはデミング・ホイールとも呼ばれています。

Plan　：実績や予知などをもとにして、計画（P）を樹立する。
Do　　：計画（P）に沿って業務を運営する。
Check：業務の運営が計画（P）に沿っているか、または業務の運営が効果を上げているかを確認する（実施（D）／計画（P）＝１か、否か？）。
Act　　：業務の運営が計画（P）に沿っていない部分を調べ（C）、軌道修正（A）し、次の計画（P）に繋げる。
　　参考　ウィキペディア　PDCA サイクル
　　http://ja.wikipedia.org/wiki/PDCA%E3%82%B5%E3%82%A4%E3%82%AF%E3%83%AB

　そして、管理（Management）とは、さまざまな資源・資産を活用し、多くのリスクに対処して、経営上の効果を最適化・最大化しようとする手法のことです。

Question 024

労働安全衛生法は、事業者の作為・不作為を定めているので、作業所で就労する職長・安全衛生責任者は事業者ではないので処罰の対象外と考えてよいですか？

Answer

処罰の対象になります。

法人の代表者または法人もしくは人の代理人、使用人その他の従業者が、その法人または人の業務に関して、第116条、第117条、第119条または第120条の違反行為をしたときは、行為者を罰するほか、その法人または人に対しても、各本条の罰金刑が科されます（安衛法第122条）。

Question 025

クレーンの玉掛けワイヤが破断した場合は、事故報告の対象になりますか？

Answer

玉掛けワイヤの破断は、事故報告の対象外です。ただし、重篤な事案ですから所轄労基署に取り扱いを相談してください。なお、事故報告が必要となるものについては、安衛則第96条に明記されています。

Question 026

枠組足場の最大積載荷重はどのように決めるのですか？

Answer

　原則は、枠組足場の形状（スパン、枠幅等）により許容積載荷重を計算することになりますが、簡易的には、床付き枠布（通称：アンチ）の幅により

　　500mmの場合は、250kg／枚
　　300mmの場合は、150kg／枚
　　240mmの場合は、120kg／枚
　　　注）積載層数は、同一スパン上において2層を限度としています。

となっています。

　上記の許容積載荷重は、建設業労働災害防止協会　足場の組立て等作業の安全（第3版第2刷）　および　一般社団法人仮設工業会　足場・型枠支保工設計指針（第2版）によります。

Question 027

同一場所で作業主任者は、正・副の2人以上を指名しなければなりませんか？

Answer

　同一場所の作業（作業主任者が直接指揮をできる範囲）であれば、1人で構いません。

　ただし、作業主任者が所要（作業打ち合わせ等）で不在となる場合があるので、あらかじめ正・副の2人以上を選任しておくことが大切です。また、作業主任者として2人以上が作業指揮する場合は、それぞれの職務を明示しなけれ

ばなりません。

　事業者は、安衛則（別表第１）の上欄に掲げる一の作業を同一の場所で行う場合において、当該作業に係る作業主任者を２人以上選任したときは、それぞれの作業主任者の職務の分担を定めなければなりません（安衛法第14条、安衛則第17条）。

Question 028

共同企業体において36（サブロク）協定を締結する使用者は、共同企業体の管理監督者ですか？

Answer

　各構成会社の使用者です。共同企業体の構成会社ごとに36協定届を所轄労基署に提出することになります。

Question 029

労働者も安全衛生法違反を問われますか？

Answer

　問われます。
　労働者は、事業者が法第20条から第25条までおよび前条第１項の規定に基づき講ずる措置に応じて、必要な事項を守らなければなりません（安衛法第26条）。〈例〉労働者は、第518条第２項および前条第２項の場合において、安全帯等の使用を命じられたときは、これを使用しなければなりません（安衛則第520条）。
　法26条違反労働者は50万円以下の罰金が科されます（安衛法第120条）。

Question 030

建設現場には、どのようなリスクが潜んでいますか？

Answer

品質事故、利益逸失、納期遅延、労働災害、法違反、工事事故、産廃事故はもとよりクレイマー対応、暴力団対処など各種のリスクが潜んでいます。未然防止には、リスクを予知し、予防することが第一です。

Question 031

リスクには、純粋リスクと投機的リスクがあると聞いたことがありますが、どのように違いますか？

Answer

リスクの分類には、純粋リスクと投機的リスクとに分ける考え方があります。

・純粋リスク

　火災や台風、地震などのように、損失のみを発生させる危険のことをいいます。静態的リスクとも呼ばれ、統計的把握が可能であるが、純粋リスクの状態の下では、利得の可能性はなく、企業に対しては常に損失をもたらす危険です。

　無事故無災害が前提であり、災害が発生した場合に直接・間接的損失が生じる労働災害も純粋リスクといえます。

・投機的リスク

　損失または利益のどちらの発生の可能性もある危険のことを指します。動態的リスクともいいます。市場リスクやカントリーリスクのように社会科学的要因で発生するものであり、企業に利益をもたらす場合があります。純粋

リスクと異なり、各企業は市場調査や在庫管理などによって投機的リスクを回避しようとします。

　原価管理も投機的リスクの範疇に入ります。ですから、建設現場からあらゆる危険の芽を早期に摘み取る努力が損失の未然防止に繋がります。

　出典：「kotobank」より

　http://kotobank.jp/guide/

Question 032

労働安全衛生法令は、過失は問わないのですか？

Answer

　労働安全衛生法違反は「故意犯」であり、過失は処罰されません。

　例えば、移動式クレーンの操作ミスで荷が落下し、作業員が負傷した場合は、警察は、業務上過失致死傷の罰で運転手の過失責任を追及しますが、労基署は、運転手の過失責任は問いません。

　労基署は、
① 　立入禁止措置（クレーン則第74条）
② 　作業指揮者の配置等

　作業の方法等の決定等（クレーン則第66条の2）に違反した場合は、責任者を故意犯として立件することになります。

Question 033

両罰規定とは、どのようなものですか？

Answer

　安衛法第122条では、「法人の代表者又は法人若しくは人の代理人、使用人その他の従事者が、その法人又は人の業務に関して、第116条、第117条、第119条又は第120条の違反行為をしたときは、行為者を罰するほか、その法人又は人に対しても、各本条の罰金刑を科する。」と規定しています。これは、いわゆる「両罰規定」といわれるものです。「行為者を罰する」とは法令違反の実行行為を行った自然人（人）を罰することを意味し、また、「その法人又は人に対しても、各本条の罰金刑を科する」は事業者そのものに対しても罰金刑を科することを規定しています。この場合、事業主体が「法人」であれば「法人そのもの」を、個人経営であれば業務主体としての「人」に対して罰金刑が科されることになります。

Question 034

事前送検とはどのようなものですか？

Answer

　安衛法は、災害事故防止を目的とし、措置義務を定めています。安衛法違反刑事事件は、災害事故の発生を要件としていません。

　例えば、使用停止等命令書の交付を受けた現場が再び同一内容の違反の指摘を労働基準監督官から受けた場合、労働基準監督官は、行政指導の効果がこれ以上期待できないと考え、災害の発生がなくても送検することがあります。

　これを事前送検といいます。

2-2　建築工事の工程計画・工程管理について

Question 035

建築工事の工程計画・工事管理の意義とはどのようなことですか？

Answer

　近年、投下資本の早期回収を目的にして発注者の建築工事の工期短縮に関する要望はことのほか厳しくなっています。一方では、建築工事費の低減を目的にした工期短縮を機械化工法や省力化工法、建築部材の工業化・標準化等の採用によって成し遂げようとする請負業者の努力も精力的になされています。このような状況の中では、ただ単に過去の工事実績をもとにした経験的な対応をしていては発注者のニーズに応えられないばかりでなく、企業の存亡をかけた競争の中からも取り残されてしまうことになります。

　工程計画の立案にあたってはコスト低減、品質向上、作業安全の確保などに十分に配慮しながら建築材料の部品化（プレハブ化）、ユニット化、ブロック化等を積極的に取り入れて建築工事の生産性を高め、工期の短縮とコスト低減を図る努力が何よりも重要になってきます。

Question 036

工程計画の役割とは何ですか？

Answer

　日本建築学会の定義によると「工程計画とはプロジェクトの工程を計画することで、手順計画と日程計画を含めた計画を意味する。」となっています。しかし、工程計画が、ただ単に施工手順をもとにした日程計画にとどまらず、時

間を軸にして労務、資材、機械等の調達を併せ検討した上でなされなければならないことを考えると、工程計画の役割としてはあえて次の3つを挙げるのが望ましいでしょう。

　施工手順計画の策定
　日程計画の策定
　労務・資材・工事機械等の効果的活用計画の策定

Question 037

施工計画と工程計画とはどのようなものですか？

Answer

　工程計画は、一連の施工計画作業における「施工技術計画」の中の1つの作業として位置づけられていますが、「工程」が施工計画全体を時間を軸として整理したものであるという特性からしますと、工程計画こそ施工計画の集大成として捉えるべきです。主として設計図書（設計図、設計仕様書、設計書、現場説明書、質問回答書）の内容確認と現地調査による「事前調査」、事前調査に基づく基本施工方針のための要因の抽出とその策定、基本施工方針に基づく直接工事計画と機械設備計画で構成される「施工技術計画」、共通仮設計画と直接仮設計画で構成される「仮設備計画」、労務・材料・工事機械輸送に関する「調達計画」、さらには工事、安全、環境等に関わる「管理計画」を、工程計画における施工手順計画と日程計画という2つの時間軸をベースにして整理・とりまとめを行うのが施工計画における「工程計画」です。

　もちろん、施工計画の流れは下記に示すような逐次的なシリーズ作業ではなく、試行錯誤を繰り返してまとめられるものであり、工程計画の完成は施工計画を構成する他の計画作業が完了したことを意味するものです。

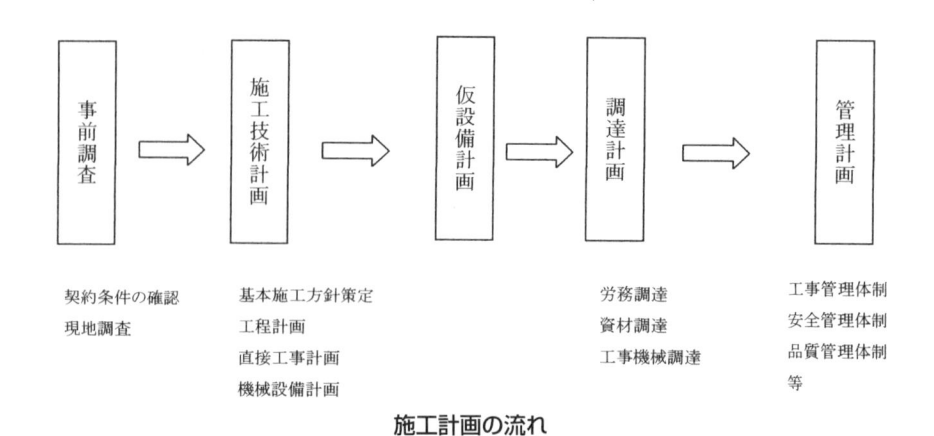

| 事前調査 | → | 施工技術計画 | → | 仮設備計画 | → | 調達計画 | → | 管理計画 |

契約条件の確認　　基本施工方針策定　　　　　　　　　労務調達　　　工事管理体制
現地調査　　　　　工程計画　　　　　　　　　　　　　資材調達　　　安全管理体制
　　　　　　　　　直接工事計画　　　　　　　　　　　工事機械調達　品質管理体制
　　　　　　　　　機械設備計画　　　　　　　　　　　　　　　　　　等

施工計画の流れ

Question 038

施工計画における留意事項はどんな点ですか？

Answer

　施工計画は工事の品質、安全、コスト、工期の4つの要素に関してバランスの取れたものでなければなりません。適切な施工速度（工期）を無視して工期短縮を図ろうとすれば建物の施工品質が低下するばかりでなく、安全作業の確保に支障を来し、効果的な労務・資機材の活用が阻害されてコストの増加をもたらします。重層下請負構造の中にある協力業者とそこで働く作業員が実施する施工品質の確保や安全作業への取り組みは、施工計画の良し悪しに大きく左右されます。

　施工計画は品質、安全、コスト、工事に関してバランスの取れたものでなければなりません。一連の施工計画作業の中で組み立てられた工程計画（日程計画）に基づいて労務各職（鳶工、大工、鉄筋工等）、各種資材（コンクリート、鉄筋、鉄骨等）、各種荷捌き・揚重機械（大型、中型、小型の各種揚重）などの「山積み」を行い、必要投入量が集中している部分については効果的な労務・

資機材の活用のために山均し（山崩し）による平準化を行ってより一層バランスの取れた施工計画にすることが大切です。

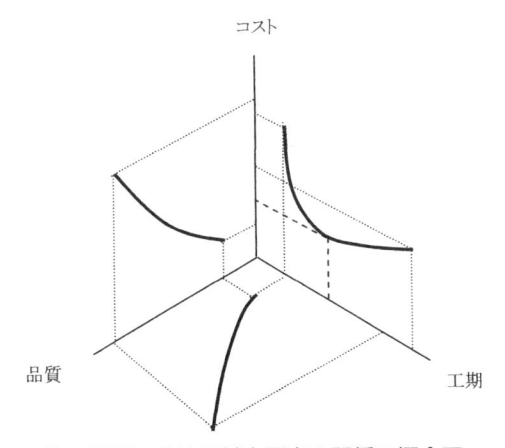

施工計画における基本要素の関係の概念図

以下に、施工計画をする上で留意すべき点を挙げます。

全体工期や工費に及ぼす影響の大きいものを優先して検討します。
新しい工法の採用や改良を試みます。
理論や新工法に傾倒して過大な計画にならないように注意します。
重要事項には全社的な取り組みをします。
労務・工事機械の円滑な回転を図り、コスト低減につとめます。
経済工程に走ることなく安全、品質にも十分配慮します。
繰り返し作業による効率向上を図ります。
複数案から最適案を導きます。
発注者との協議を密に行い、発注者のニーズを的確に把握します。

Question 039

工程計画の手順について教えてください。

Answer

　工程計画の根幹となるのは「基本施工方針」の策定に基づく工法・手順計画の設定です。工程計画はこの基本方針のもとに、まず全体工事に影響する部分、すなわちクリティカルパスを構成する部分について経済速度を想定した適正な規模の労務・工事機械の投入を考慮して工期の算出を行います。そして、他の部分についてはこの工程の流れの中で消化するように投入する労務・工事機械を適切に配分した上で、工期全体にわたって労務・工事機械の調達や輸送に問題がないかを山積みによって確認します。山均し（山崩し）等による調整が必要であれば改めて基本施工条件の見直しを行った上で同様の作業を繰り返して行った後で工程を確定します。

クリティカルパス：
　新規工期を決定する要因となる最長時間経路（出典：ジーニアス英和大辞典）のことです。一般的には、時間的に全く余裕（フロート）の工事の流れを意味する言葉であり、工期短縮の検討にはまず最初にこのパスにある工事について検討を行うものです。

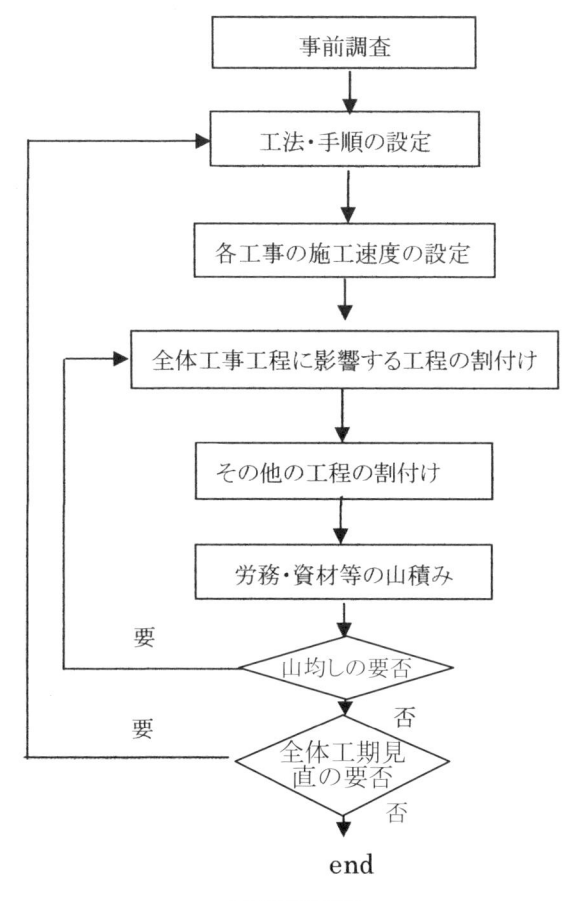

```
          ┌─────────────┐
          │  事前調査    │
          └──────┬──────┘
                 ↓
     ┌───→┌─────────────┐
     │    │ 工法・手順の設定│
     │    └──────┬──────┘
     │           ↓
     │    ┌─────────────┐
     │    │各工事の施工速度の設定│
     │    └──────┬──────┘
     │           ↓
     │  ┌→┌─────────────────────┐
     │  │ │全体工事工程に影響する工程の割付け│
     │  │ └──────┬──────────────┘
     │  │        ↓
     │  │ ┌─────────────┐
     │  │ │その他の工程の割付け│
     │  │ └──────┬──────┘
     │  │        ↓
     │  │ ┌─────────────┐
     │  │ │労務・資材等の山積み│
     │  │ └──────┬──────┘
     │  │        ↓
   要│  │    ◇山均しの要否◇──否─┐
     │  └──要─┘              │
     │                         ↓
   要│      ◇全体工期見直の要否◇──否─→ end
     └──要──┘
```

工程計画手順

　したがって、工程計画のポイントは何よりも全体工期を決めるクリティカルパスを構成する工事を適確に把握するところにあります。言い換えれば、全体工期を問題にしている時にクリティカルパスに関係のない工事を対象に検討しても何ら意味がありません。この点に留意して工程計画を検討すると、短時間に適切な工程計画の立案が可能になります。

Question 040

適正工期の考え方を教えてください。

Answer

　工事コストは直接工事費と間接工事費を合計したものです。前者は工期があまりに短くなると増加し、逆に長過ぎても増加します。例えば、突貫作業では労務コスト増加が顕著に見られます。後者は工期に比例して増減します。この傾向は工事管理要員の人件費が大きな比重を占める現場管理費に顕著に表れます。

　つまり、そこには工事コストを最小にする適正工期（最適工期）が存在します。

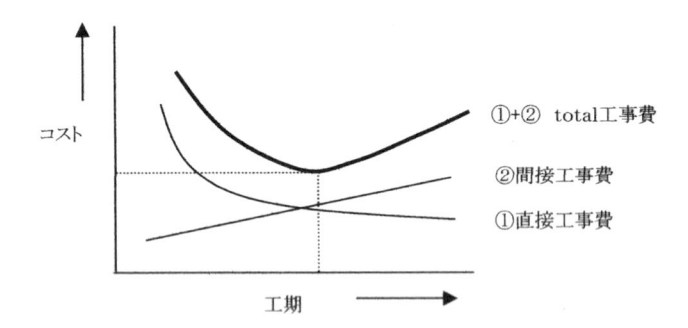

```
コスト
                    ①+② total工事費
                    ②間接工事費
                    ①直接工事費
            工期 →
```

Question 041

工程表の種類と特徴を教えてください。

Answer

　工程表は、事前調査に基づいて策定された基本施工方針に沿って立案した施工手順計画を時間の尺度でとりまとめた日程計画の結果であり、施工計画の集大成です。この工程表には、従来からいろいろな種類のものが使われてきてい

ます。それらにはそれを用いる目的によっては長所・短所を持っており、選定に際してはこの点を十分に考慮する必要があります。

名称	表現方法	長所	短所
ガントチャート	作業／出来高(%)	作成が容易 進捗状況が明確	工期不明 重点管理作業不明 作業相互関係不明
バーチャート	作業／工期	作成が容易 工期明確 所要日数明確	重点管理作業不明 作業相互関係不明
グラフ式	出来高%／工期	作成が容易 工期明確 所要日数明確	重点管理作業不明 作業相互関係不明
出来高累計曲線	出来高%／工期	工程速度良否の判定可能	出来高以外不明
バナナ曲線	出来高%／工期	管理限界明確	出来高以外不明
斜線式	工期／距離	工期明確 所要日数明確 進捗状況明確	区間の定まった工事のみに適用
パートタイム	ネットワーク図	工期明確 重点管理作業明確 作業相互関係明確	全体出来高把握不可能

Question 042

ネットワーク工程表とはどのようなことですか？

Answer

　ネットワーク工程表は1950年代の後半から用いられるようになり、コンピューターの普及とともに積極的に使用されるようになりました。今日では工程計画に欠かすことのできない手法の1つとなっています。このネットワーク工程表は、工事の規模が大きいだけでなく工事の手順が複雑な場合には工事関係者全員に各作業に対する先行作業、並行作業、後続作業の相互関係や余裕の有無、遅れの日数が容易に把握できる利点を持っています。

Question 043

ネットワーク工程表の種類と使用目的について教えてください。

Answer

　次頁にネットワーク工程表の種類と使用目的を示します。

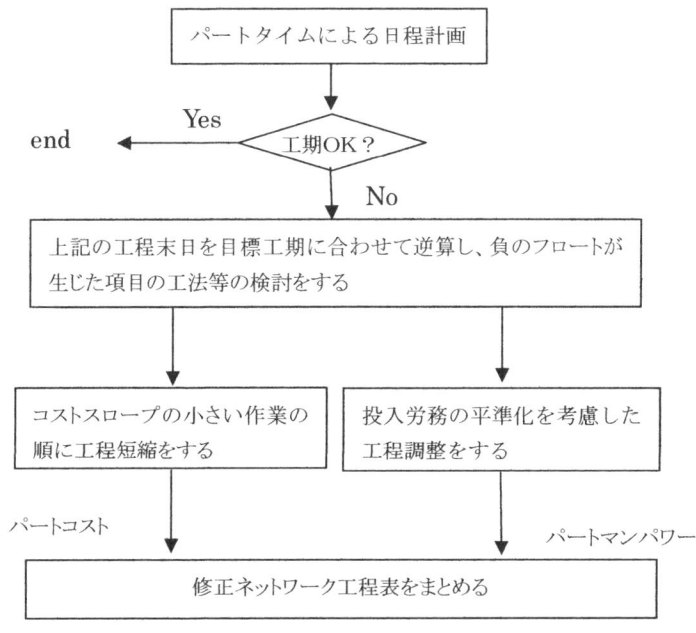

第2章 現場責任者としてのマネジメント

```
        ┌──────────────────────┐
        │ パートタイムによる日程計画 │
        └──────────┬───────────┘
                   ↓
              ╱ 工期OK？ ╲  Yes
   end ←────╲         ╱────→
              ╲  No  ╱
                ↓
  ┌────────────────────────────────────┐
  │ 上記の工程末日を目標工期に合わせて逆算し、負のフロートが │
  │ 生じた項目の工法等の検討をする              │
  └────────────────────────────────────┘
           ↓                    ↓
  ┌──────────────────┐   ┌──────────────────┐
  │ コストスロープの小さい作業の │   │ 投入労務の平準化を考慮した │
  │ 順に工程短縮をする      │   │ 工程調整をする       │
  └──────────────────┘   └──────────────────┘
      パートコスト              パートマンパワー
           ↓                    ↓
        ┌──────────────────────────┐
        │   修正ネットワーク工程表をまとめる   │
        └──────────────────────────┘
```

ネットワーク工程の体系図

Question 044

ネットワーク工程表の表現方法を教えてください。

Answer

　ネットワーク工程表の表現方法には、作業がイベント番号で結ばれる矢線の上下に表示されるアロー型とサークルの中に表示されるサークル型の2つがあります。一般的には前者が広く使われています。基本ルールを次に示します。

　結合点に入ってくる矢線の作業がすべて完了した後でなければ次の作業は開始できません。

　1つの結合点から次の結合点へ入る矢線は1本とします。1つの結合点から同時に2つ以上の作業が開始される場合はダミーを用います。

開始の結合点と終了の結合点はそれぞれ1つです。

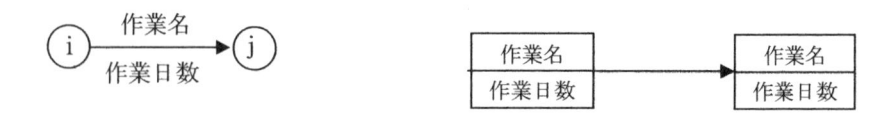

a. アロー型
b. サークル型

ネットワーク工程表の表現

Question 045

ネットワーク工程表の長所と短所はどのような点ですか？

Answer

長所： ⅰ 重点管理作業の把握が容易
　　　ⅱ 各作業の関連の把握が容易
　　　ⅲ 労務・資材等の投入時期の把握が容易
　　　ⅳ 工期短縮の方針を立てやすい
　　　ⅴ コンピューター使用による省力化が容易
短所： ⅰ 作成に手間がかかる
　　　ⅱ 各作業の進捗状況の把握が困難

Question 046

ネットワーク工程表を利用した工程短縮手順について教えてください。

Answer

　一般に当初工程は、パートタイムの手法で最適とされるノーマルタイムによ

る日程計画によって策定されます。しかし、諸々の事情により工期短縮を図る必要が生じた時は以下の手順によってパートコストおよびパートマンパワーの手法を用いた新たな最適化を図る必要があります。

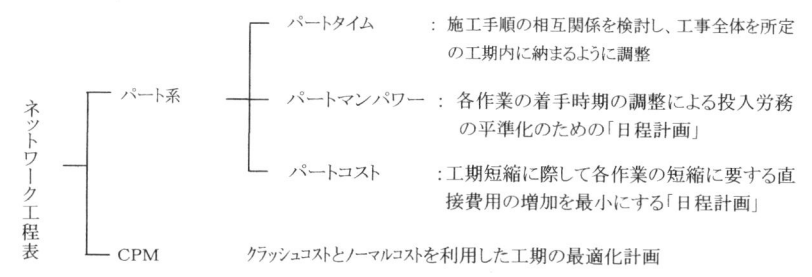

ネットワーク工程表
- パート系
  - パートタイム ： 施工手順の相互関係を検討し、工事全体を所定の工期内に納まるように調整
  - パートマンパワー ： 各作業の着手時期の調整による投入労務の平準化のための「日程計画」
  - パートコスト ： 工期短縮に際して各作業の短縮に要する直接費用の増加を最小にする「日程計画」
- CPM　クラッシュコストとノーマルコストを利用した工期の最適化計画

工程短縮の手順

次の手順で最適工期の検討を行います。
1. ネットワークの所要時間（工期）に対するクリティカルパスを把握します。
2. それぞれの工事についてクラッシュタイムとノーマルタイムの間のコストスロープを設定した上で、その中間の費用を用いて複数案を立案します。
3. 各案の費用計算を行い、最適工程を選定します。

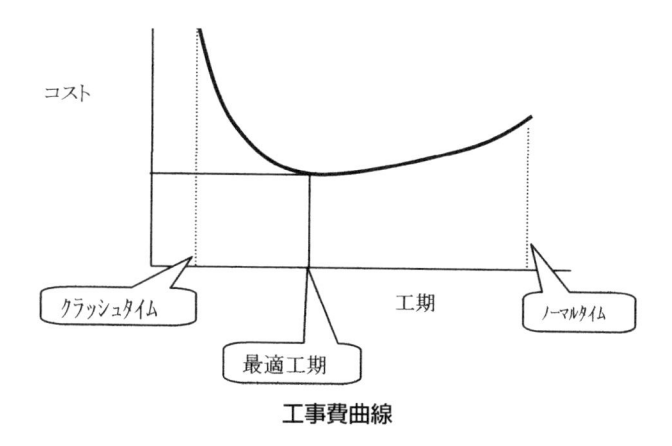

縦軸：コスト　横軸：工期
クラッシュタイム／最適工期／ノーマルタイム

工事費曲線

Question 047

工程計画・工程管理はなぜ必要なのですか？

Answer

　近年、投下資本の早期回収を目的にして発注者の建築工事の工期短縮に関する要望はことのほか厳しくなっています。ただ単に過去の工事実績をもとにした経験的な対応をしていては発注者のニーズに応えられないばかりでなく、企業の存亡をかけた競争の中からも取り残されてしまうことになります。

　このような状況の中で現場施工を短工期でスムーズに消化するためには工事管理者だけでなく、工事施工に関わるすべての人たちに工程の中身がすぐに理解できる明快な説明が必要となります。一糸乱れることのない全員の有機的な連携活動があって初めて工程、品質、安全、原価の4つのバランスのとれた満足のいく施工が可能になります。

　そのための有効な方法として、クリティカルパス上の作業を克明に表計算で追うことにより、その工期の算出根拠を誰もが理解できるような工期の算出方法を紹介します。（Q048～Q050参照）

　（この工期算出方法は、筆者が総合建設会社に在職中に、毎年配属替えで入ってくる新人に対して工程計画において実践指導した方法です。）

Question 048

工程計画における工期算出のための基本事項はどのようなことですか？

Answer

　工程計画における工期算出のためには工法手順が明確に策定されている必要があります。その根幹になるのは、「事前調査→施工技術計画→仮設備計画→

調達計画→管理計画」の一連の施工計画の作業の中で策定される基本施工方針です。そして、これに投入する労務と資材をもとにして所要日数を計算することで工期を算出します。

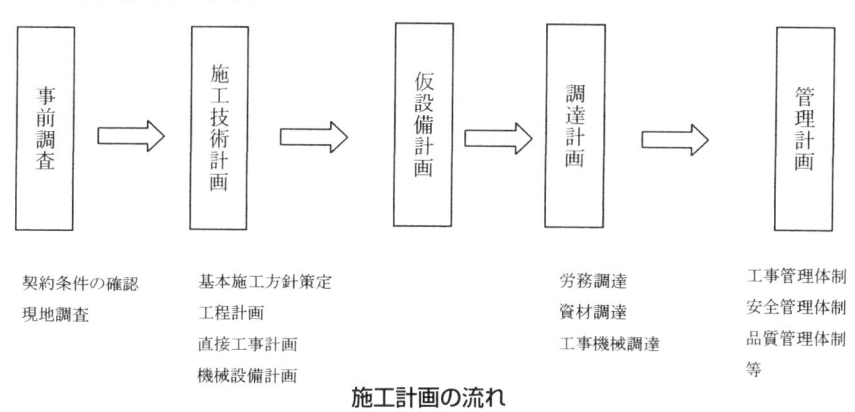

```
事前調査 ⇒ 施工技術計画 ⇒ 仮設備計画 ⇒ 調達計画 ⇒ 管理計画

契約条件の確認    基本施工方針策定              労務調達      工事管理体制
現地調査         工程計画                    資材調達      安全管理体制
               直接工事計画                 工事機械調達   品質管理体制
               機械設備計画                              等
```

施工計画の流れ

　工期算出はこの基本施工方針のもとに、まず全体工事に影響する部分、すなわちクリティカルパスを構成する部分について経済速度を想定した適正な規模の労務・工事機械の投入を考慮して行います。そして、クリティカルパスにない他の部分についてはこの工程の流れの中で消化するように配分します。そして、この工期算出の結果の妥当性を検証するために、工期全体にわたって労務・資材・工事機械の調達や輸送に問題がないかを山積み等によって確認します。必要な投入量が日々変動するような場合は山均し（山崩し）等による調整を行います。必要であれば投入量の増減や工法手順等の条件の見直しを行った上で同様の検討作業を行い所要工期を確定します。

　工程計画における工期算出のポイントは何よりも全体工期を決めるクリティカルパスを構成する工事または工種を適確に把握するところにあります。言い換えれば、全体工期を問題にしているのにクリティカルパスに関係のない工事または工種を対象に検討しても何ら意味がないことになります。また、厄介なことに労務・工事機械等の投入量や工法手順等を変更するとクリティカルパスが別のルートに移動しますので、関連工事にも目配りが必要です。

　これらの点に留意すると、短時間に適切な工程と工期の計画立案が可能になります。

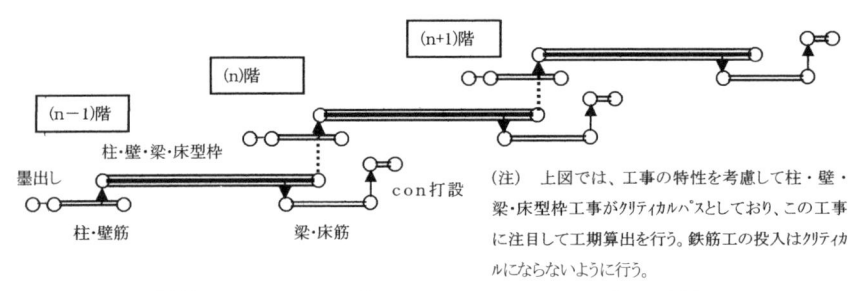

(注) 上図では、工事の特性を考慮して柱・壁・梁・床型枠工事がクリティカルパスとしており、この工事に注目して工期算出を行う。鉄筋工の投入はクリティカルにならないように行う。

鉄筋コンクリート工事におけるクリティカルパスの例示

Question 049

「表計算」による工期算出の手順を教えてください。

Answer

　工期算出のためには既述したようにクリティカルパスにある工事を適確に把握して、この工事に対して適切な規模の労務量の投入を前提にして計算を行います。各階の躯体工事や仕上工事のようにいくつかの工種で構成される工事が繰り返して行われる場合には、その一連の作業の中からクリティカルな工種を選定して工期の算定を行います。その結果、クリティカルパスにある工種については投入する労務量等は平準化されますが、それ以外の工種については、最適な労務効率が保証されないことになりますので次に述べるような配慮が必要になります。

1. コンクリート打設が工程の節目になることから、1日で可能なコンクリート打設量を想定して工区割りを行います。
2. 投入する労務の平準化のために、1回のコンクリート打設量が適正規模よりも多少小さくなっても各階を複数工区に分割します。
3. いくつかの工種で構成される繰り返し工事の中のクリティカルパスを外れる工種には、掛け持ちで他現場の工事ができるように工程に余裕を持たせます。

4．各階の仕上工事は、一連の工種をいくつかの時間区分（例えば、集合住宅であれば12前後、事務所ビルであれば20～25程度）の中に割り当てるタクト工程で組み、この区分に5日／タクトや6日／タクトのように適切な日数を設定します。このとき、1つのタクトでは工事が消化できないときはその工種には複数個のタクトを割り振ります。

以下に工期の表計算のための具体的な手順を示します。

手順1：工区毎（平面的には1工区、2工区…、垂直方向にはn階、n＋1階…等）にクリティカルパス上にある工事を拾い上げ、その工事数量を算出します（積算数量がなければ材料歩掛りを用いて概算します）。

各階躯体工事数量算出表（例）

工事名	床面積 m^2	コンクリート		型枠		鉄筋	
		歩掛り (m^3/m^2)	数量 (m^3)	歩掛り (m^2/m^2)	数量 (m^2)	歩掛り (t/m^2)	数量 (t)
n＋1階							
n							
n－1階							

手順2：クリティカルの各工事のクリティカルな工種の施工能率（労務歩掛り等）を設定します。

躯体工事の施工能率の設定（例）

工種	摘要	施工能率	備考
ソイルセメント柱列壁	工事機械搬入・組立、解体・搬出を含まず	120m^2／台日	
掘削（一次）	バックホウ0.7m^3クラス	350m^3／台日	
掘削（二次）	構台上のクラムシェル0.8m^3クラス	250m^3／台日	
切梁架設	水平切梁	4.5t／人日	
鉄筋組立（基礎）		0.9t／人日	
型枠組立(地下階)	高階高（H≧5m^2）	6m^2／人日	

型枠組立(地上階)			9m²／人日	

手順3：労務・工事機械の投入量を設定して必要作業日数①を算出します。

手順4：個々の工事で並行作業可能日数②を検討して、その工事に必要となるのクリティカルパス日数を算出します。

手順5：一連の工事についての上記のクリティカルパス日数③を累計して、要求されている全体工期を満足しているかどうかを確認します。

工期算出表

作業名	工事数量	投入労務・機械		施工能率	必要作業日数①	並行作業可能日数②	クリティカル作業日数③	累計作業日数
		投入数（／組）	投入数（組、台）					

手順6：要求されている全体工期を満足していない場合は労務・工事機械の投入量の設定を変更して再度上記の計算を行います。このとき、クリティカルパスが別の工事に移動していないことを確認します。もし、移動していれば新たなこのパスで上記の計算を行います。

Question 050

工程検討例を教えてください。

Answer

以下に老人保健施設建設工事の工程の検討例を紹介しますので参考にしてください。

1　工事概要

　工事名称　　老人保健施設建設工事

工事場所　　　某地
構造・規模　　RC造5／1　延べ3,490m²

2　基本施工計画
1）順打工法で施工します。
2）土留工法は、GL-8.7m以深の砂質シルトにソイル柱列壁を根入れさせた完全遮水工法とします。
3）周辺地盤変状を極力低減し、工期短縮を図るために一次掘削深さを2.0mにとどめ、一段切梁を架設します。
4）躯体工事は全体を3工区に分割して行い、労務の平準化を図ります。

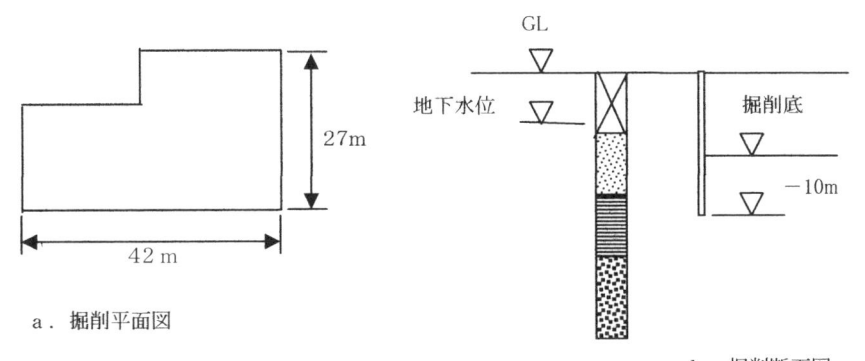

a．掘削平面図

b．掘削断面図

掘削形状図

3　主要工事数量
工程上のクリティカルパスにある工事について概数量を把握します。

1）土留壁　　S＝{(42+0.2×0.2)+(27+0.2×2)}×2×10=1,396m²
2）杭　　　　場所打ちコンクリート杭　　φ1,200×24m　　26本
　　　　　　　　　　　　　　　　　　　φ900×24m　　　6本
　　　　　　　　　　　　　　　　　　　φ700×24m　　　9本　計41本
3）仮設杭（棚杭、支持杭）
　　　　　　棚杭　　　　　30本

4) 掘削　　　支持杭　　　　18本　　計48本
 　　　　　　　一次掘削　　　954×2.0＝1,908m³
 　　　　　　　二次掘削　　　954×4.2＝4,007m³
 5) 構台　　　覆工　　　　　384m²×0.184t／m²＝70.7t
 　　　　　　　根太・大引き　384m²×0.12t／m²＝46.1t　　　計116.8t
 6) 切梁　　　W＝0.075t/m²×954＝71.6t
 7) コンクリート躯体

階	床面積（m²）	コンクリート（m³）	型枠（m²）	鉄筋（t）
5	546	×0.6＝328	×4.5＝2,457	×0.09＝49.1
4	570	×0.6＝342	×4.5＝2,565	×0.09＝51.3
3	570	×0.6＝342	×4.5＝2,565	×0.09＝51.3
2	666	×0.6＝400	×4.0＝2,664	×0.09＝59.9
1	876	×0.6＝526	×4.0＝3,505	×0.09＝78.8
B1	690	×0.75＝518	×5.5＝3,795	×0.11＝75.9
底板	690	×1.2＝690	×2.0＝1,380	×0.15＝103.5

4　工期の算出

工期算出上の方針：

1) 稼働可能日数を22日／月とします。
2) 基礎は鉄筋工事を主体にし、その他の躯体は型枠を主体にして工期を算出します。
3) 基礎コンクリート打設後に立ち上がりコンクリートなしで切梁解体が可能とします。
4) 仕上工事はタクト工程を前提にし、各階とも仕上開始から5日／タクト×12タクト＝60日間要します。

工期算出表

作業名	作業内容	工事数量	作業能率	労務等投入量	工期（日）作業日数	工期（日）並行日数	工期（日）クリティカルパス日数	累計日数：工期
準備					22	22	0	22
土留	搬入・組立				2	0	2	
	掘削	1,396m²	120m²／台日	1台	12	0	12	
	棚杭等打設	38本	12本／台日		3	0	3	
	解体・搬出				1	0	1	40
杭	搬入・組立				2	1	1	
	掘削	41本	2本／台日	2台	11	0	11	
	解体・搬出				1	0	1	53
一次掘削	H＝2.0m	1,908m	350m³／台日	1台	6	0	6	
構台架設	準備（切揃え等）	（クリティカルパス分のみ計上）					1	
	架設	71.6t	30t／組日	1組	3	0	3	
切梁架設	準備（ブラケット等）	（クリティカルパス分のみ計上）					1	
	架設	71.6t	25t／組日	1組	3	0	3	
	プレロード				1	0	1	
二次掘削	H＝4.2m	4,007m³	250m³／台日	2台	8	0	8	
	砕石地業・捨コン				2	0	2	
	墨出し				1	0	1	79
基礎	鉄筋	103.5t	0.9t／人日	12	10	0	10	
	側型枠等	（クリティカルパス分のみ計上）					2	
	コンクリート打設	（クリティカルパス分のみ計上）					1	
	養生	（クリティカルパス分のみ計上）					1	93
切梁解体		71.6t	30t／組日	1組	3		3	96
上部躯体	墨だし	（B1Fのクリティカルパス分のみ計上）					1	
	鉄筋（柱・壁）	（B1Fのクリティカルパス分のみ計上）					5	
	型枠（B1F～5F）	約14,000m²	8m²／人日	15人	117	0	117	
	鉄筋（梁・床）	（5Fのクリティカルパス分のみ計上）					6	
	コンクリート	（5Fのクリティカルパス分のみ計上）					1	
	養生	（5Fのクリティカルパス分のみ計上）					21	
	型枠解	（5Fのクリティカルパス分のみ計上）					3	250
仕上	墨だし	（5Fのクリティカルパス分のみ計上）					1	
	タクト工事	クリパス分（5日／タクト×12タクト=60日）					60	311
検査	社内検査						3	

	官庁検査							2	316
予備日								5	321
						全工期	→	×1/22=14.6ヶ月	

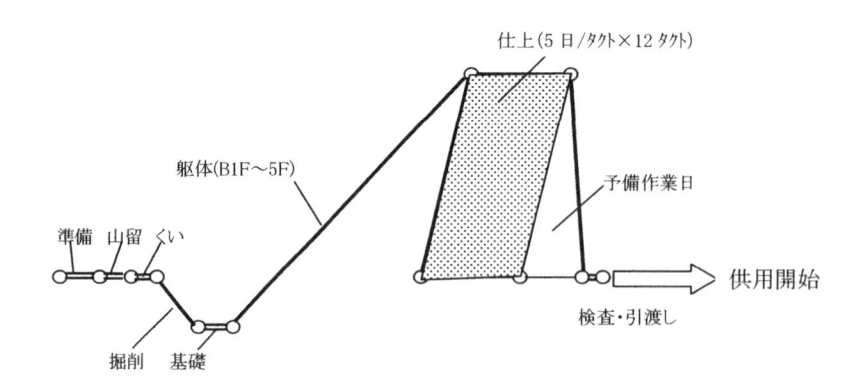

仕上(5日/タクト×12タクト)

躯体(B1F〜5F)

予備作業日

準備　山留　くい

掘削　基礎

検査・引渡し

供用開始

工事工程

5　まとめ

　今回、紹介しました工期の算出方法はパソコンの表計算ソフトを使って行うものであり、指定工期を満足しないときには投入労務や工事機械の設定を変更して再計算することで速やかな見直しができます。

　協力業者をまじえた工事工程の打ち合わせのときに工程の成り立ちの根拠をこの工期算出表で協力業者に説明すれば、クリティカル作業を担当する業者はもちろん、その他の業者も元請の係員の説明をよく理解できます。工事に携わるすべての業者が一糸乱れずにタイムリーに自分の責任分担の仕事を処理したときに、品質、工程、安全はもちろんのこと、原価面でもすべての業者が満足のいく結果につながります。

2−3　現場責任者としての経営知識（原価管理・品質管理・その他）

1．原価管理について

原価管理の目的（現場責任者としての基本姿勢）

　企業は、いかなる経済や社会情勢にあっても、必要な利益を生み出せることが必要であり、建設会社においては、その利益創出は建設現場に委ねられています。原価管理の対象となるのは、予算の管理、工事費の管理、利益の管理であり、原価管理では、予算と工事にかかった実績を比較し、予算に収まっただけで満足してはいけません。担当工事に対する原価意識を常に持ち、工事に関わる原価や価格の内訳を知り厳しい原価管理を行い、担当工事はもちろん、次に担当する工事の利益向上につながるよう努力を怠らないようにすることが必要です。

原価管理とは（原価管理の PDCA）

　原価管理とは、請負工事を合理的にかつ経済的に施工するために、実行予算、実績の把握、予算と実績の比較、差異への対処という PDCA を回して管理することです。

【P】目標実施原価の計画書として実施予算を編成すること
【D】実施予算に基づき、工事の施工管理を行うこと
【C】施工の過程で、計画通り目標が達成できるかどうかチェックすること
【A】現場の状況に対して、より多くの利益を獲得するための対策を立て、実行すること

利益の管理と報告

　建設現場は、会社に対して目標利益達成の責任を負っています。したがって、常に会社から利益の報告を求められます。建設現場が行う原価管理についての報告は、企業の経営計画の各種数値に直結することから、常に最終の状況を見通したものでなければなりません。利益の予想を的確に会社へ報告することは、現場責任者としての使命であり、そのためには、常に最終予想利益を把握して

おくことが重要であり、「実績をきちんと把握していること」、「今後かかる原価を把握していること」そして「工事が終了した時点の請負金を把握しておくこと」の3つがポイントです。

建設現場における原価管理
　建設現場の原価管理の第一目的は、目標利益の獲得であることは言うまでもありません。そのためには、現場責任者は、実行予算を早期に編成し、発生した原価と今後の見込みを正確に把握し、最終予想利益を早期かつ正確に予測することが大切です。

（1）　実行予算の編成
　実行予算が原価管理の基準であり、実行予算を作成せずに工事を進めたりすると原価が積み上がっていき、最終的に原価目標を達成することができなくなるおそれがあります。実行予算は着工後すぐに必要となってくることから、できるだけ早く編成することが大切です。また、実行予算を編成するにあたっては、見積原価、現場条件などを加味して請負金額から利益目標額を差し引いて、原価目標を実行予算として作成するのが一般的です。つまり、まず目標利益を確保するように必要な原価を算出すること、逆に、実施に必要な原価を積み上げていき、請負金からその額を差し引いた残りを利益とするような考え方をしないことが大切です。

（2）　予実算の管理
　実行予算の役割は、原価目標を達成するための原価計画と、実施状況により調整しながら原価の総額内に収める予実算管理があります。予実算管理では、実行予算と発生した原価の実績を比較し、これから発生する予測原価を判断して、原価目標に対しての最終の利益を算出することになります。現場責任者の予実算管理で大切なことは、「常に最終利益の予測ができていること」であり、予実算管理がきちんとされていないと、竣工間近になって、大幅な最終利益の差異が発生するおそれがあります。

（3） 工事費の管理

　建設現場における工事費の管理は、実施予算に基づき行うことになります。工事の予算や進捗状況は現場責任者が一番よく知っているはずです。施工計画における工法の立案・検討、協力会社への発注・折衝、材料・資機材の発注等の際は、工事責任者が常に実行予算の該当予算額を比較検討し、少しでも該当予算を圧縮して、目標利益を確保していくという姿勢が必要です。

工事利益向上のための原価管理
（1） 積極的な VE・CD 提案

　建設業でいう VE（バリューエンジニアリング）とは、「デザイン、品質及び管理・保守等を低下することなく、最小の機能で必要な機能を達成するために、建設物、工法、手続、時間等の改善に注がれる組織的な努力」と定義されています。つまり、VE は、建物の品質を下げることなくコストを低減すること、またはコストを上げないで品質がより以上のものを求めることであり、一方、CD は文字通り、品質が低下しても良しとして、コストをダウンさせることです。

　VE は、発注者に対しては、各種代替案を提案することにより、価値の高い建設物を提供することができる一方、建設会社にとっても適切な利益を確保するとともに、豊かなコミュニケーションと組織の活性化が図られます。

（2） 設計変更、追加工事の適切な処置

　設計変更・追加工事については、早期に発注者に見積書を提出し、適正金額による工事獲得に努めることが必要で、そのためには、常に、設計変更・追加工事の累計を相手方と互いに把握しておかなければなりません。また、工事獲得がはっきりしないまま、工期優先で工事に着手してしまうと、工事費用を取り損ねてしまうことがありますので、設計変更・追加工事は、相手方（建築主・設計者）の承認を受けた後に着手することが前提です。

(3) ムダ・ムリ等の施工改善

　リースしたクレーンを1時間手待ちにする、また、ボードが雨で使用できなくなるといったことは建設現場でよく起きることですが、そのムダの積み重ねが現場の利益を減らすことになります。建設現場で大事なのは「段取りの良さ」で、これにより、品質、安全、工期、そしてコスト面においてより良い効果が得られます。建設現場は、作成した工事工程を守るため、あらゆる作業を遅滞なく進めていくことが大切ですが、この基本が「段取り」の意識で、「段取り」が悪いと工期が延び、工期が延びるとそのコストが予算オーバーの原因となります。

2．品質管理について

品質管理の目的（現場責任者としての基本姿勢）

　建設会社にとって、品質管理は企業の根源をなすものです。しかしながら、近年、品質管理の不備に起因して、建築主やマンション住民等からの信用を失墜しかねない事態が頻繁に発生しており、これらの大半は、品質管理上の手順を怠ったり、関係部門と協議せずに現場の判断のみで処理してしまう等管理の基本行動を逸脱したことによるものです。現場責任者は、品質管理の不備が会社に及ぼす重大性を再認識し、いかなる状況においても英知を結集し、一体となって品質確保の徹底に努めなければなりません。

品質管理とは（品質が良いとは）

　品質管理の基本はあくまでも、建築主等と請負契約した設計図書通りにつくることであり、決してグレードの高さ等過剰な品質は必要ありません。しかしながら、民間工事では、公共工事とは違い、設計図書通りにつくるだけでは必ずしも良い品質とは限らないことがあります。この場合、品質が良いとは、単に施工精度が良いというだけではなく、顧客や使用者の使われ方を考え、喜ばれるものになっていることをいいますので、建設会社の施工ノウハウや技術を生かし、建築主等に喜ばれる建物を提供することが必要となります。

建設現場における品質管理
　建設現場では、建物の品質管理の不備が会社に及ぼす影響の重大性を深く認識し、いかなる状況においても英知を結集し、工事関係者が一体となって品質管理の徹底を図るとともに、日常業務の進め方や管理体制に問題はないのか、各人の心構えに油断はないのか等を点検し、品質管理の不備の防止に努めなければなりません。

（1）　設計図書、仕様書等の精査理解
　工事責任者は、建築主との請負工事契約を尊重し、設計図書、仕様書等を精査理解し、建築主・設計者の意思をくみ取ることが大切です。そして、設計図書はもとより別冊の特記事項等は全社員が内容を把握し、理解しておくこと、特に、「鉄筋かぶり厚さ」や「断熱材厚さ」等の数値的な基準、規格については、それを実現できる方法を施工要領（施工計画）として明確にしておくことが必要になります。

（2）　設計図書のチェック
　設計図書を受領したら、設計図書の法規に関する部分等を早期にチェックし、不適切な部分があれば設計者に早期に確認することが必要です。その上で、設計図書に不備や疑義があった場合には、速やかに設計者と協議し、訂正の承認を受けることです。
　設計図書といえども完全ではなく、建設会社として気付くべき不備や問題点に気付かなかった場合は、建設会社も責任が問われます。設計図書の不備や問題点を発見し、設計者と十分に協議し、自社の施工経験に基づく提案をするといった対応も必要になります。なお、建築主や設計者、監理者から許可または承認を必要とするものについては、すべて文書で行うことが大切です。

（3）　適切な施工計画の立案と実行
　施工計画の立案にあたっては、設計図書に規定された基準・規格等を実行する方策を盛り込んだものとすることが必要です。また、施工計画は、建設現場

と協力会社間の施工方法に関する意志統一・作業員間の技量格差の是正に役立つものであることを認識し、協力会社の意見も取り入れるとともに、実際に作業する作業員まで内容を周知するよう努めることが大切です。また、計画の進捗、工事の進捗に合わせ、不足する部分や修正する部分を事前に補完しておくことも必要です。

(4) 工事の厳密な確認・監督と協力会社への指導・教育

品質は協力会社次第といっても過言ではありません。工事の不完全、不徹底による手直しがないように厳密に確認・監視を行うこと。また、協力会社に対して的確な技術指導を実施し、不具合の予防措置を講じることが大切です。やむを得ず手直しが生じた場合は、関係者の連携を密にして善後策を講じ、速やかに改善させることが必要です。

ISO 9001（品質マネジメントシステム）について
(1)　ISO 9001とは

ISOとは国際標準化機構の略称です。ISO 9001は、「品質マネジメントシステム」の国際規格であり、「品質」に関する仕組みや体制、その実施状況、標準類等を規定しています。仕組みとは、仕事の手順や仕事の進め方などのことをいい、建物に不具合があるのは、それをつくり出す仕組み（仕事の進め方）に問題があるからであり、会社の仕組みがしっかりしていれば、ある一定の品質が確保されるという考え方をしています。また、「品質マネジメントシステム」は、PDCAのサイクルを回すことで、継続的に改善を行い、不具合や不良品が発生した場合には、再発しないように仕事の仕組みを見直すことが求められています。

(2)　建設現場におけるISO 9001（規格要求事項の理解を深めるために）

ISO 9001は、仕組みのフレームであり、それぞれの建設会社が自社に適した手順や方法を定めればよいのであり、ISO規格が求めていることを理解し、過不足がないように適切なレベルで仕組みを構築すればよいとされています。

第2章 現場責任者としてのマネジメント

　建設会社は、ISO 9001に沿って「品質マネジメントシステム」の仕組みをつくり、審査登録機関の審査に合格することにより登録証を外部に示すことができます。
　顧客や外部の人たちは、この登録証により、その建設会社が「品質マネジメントシステム」が構築されていると判断し、建設会社が良い品質の建設物をつくっているかどうかの重要なチェックポイントとしています。

Question 051

原価意識を持つためには日頃よりどう心掛けていればよいですか？

Answer

　建設現場の原価管理の基本となるのは、数量と単価であり、実行予算書や見積書は「数量×単価＝金額」の算式の積み上げです。原価意識を持つためには、材料や労務費などの建設単価を覚えて、原価に強くなることが必要です。生コン1m^3はいくらなのか、もし5m^3余らせたらいくらの損失になるのか。作業員を1時間手待ちにするといくら費用が発生するのか。こうした建設単価の知識がなければ原価意識は出てこないし、物がムダになっていても何も感じません。そのムダが現場の利益を減らしていくことになるのです。
　もう1つ大切なことは、原価の中身を知っておくことです。協力会社からの型枠工事の見積金額が、施工量が40m^2で30万円であった場合、m^2当たりの単価だけでなく、労務費と材料費に分解することにより原価の中身がわかってきます。

項目		数量	単価（円）	金額（円）
材料費	型枠資材	40m²	5,000	200,000
労務費	型枠大工	4人	20,000	80,000
経費		1式		20,000
合計				300,000

Question 052

建設単価を知るにはどのような方法がありますか？

Answer

建設現場でつくった実行予算書を繰り返しめくり、主要な単価を覚えることが最も有効であり、実行予算書には数量も出ているので歩掛りも参考になります。そのほか、
・「建設物価」や「積算資料」のような物価本を見る。
・インターネット等で調べる。
・上司や同僚の他、建設現場に来ている協力会社の職長や作業員に聞く。
等の方法があります。

Question 053

実行予算を編成する上で重要なことは何ですか？

Answer

実行予算の段階では、より厳しい利益目標の実行予算を作ることが重要で、これにより、工法や作業方法において種々検討を重ね、協力会社に対する発注

などにおいても厳しい現場管理ができ、結果的に利益が多く残ることになります。現場責任者としては、特に利益目標の厳しい建設現場では、着工時だけでなく、施工中に何度も予算検討会を行ったり、VE や CD を実施して知恵を絞ることは大事なことで、これらの結果が今後のノウハウとして蓄積されることにもなります。

Question 054

現場における予実算管理で重要なことは何ですか？

Answer

予実算管理とは、実行予算と実績を比較して、これからの予測原価を判断して、原価目標に対しての最終利益を予測することであり、予実算管理では、常に最終利益の予測ができていることが必要となります。現場責任者は日頃から予実算管理をきちんと行っていないと、竣工間近になって、利益予測に大幅な差異が出てしまうことになります。

建設現場では、竣工間近で利益が跳ね上がるケースが往々にありますが、これは、トラブル等リスクを見込んで利益を抑えていたが、竣工間近になってリスクが発生せず、利益が明るみに出たケースがほとんどです。

Question 055

協力会社に対して発注するにあたり心掛けることは何ですか？

Answer

協力会社に対して発注するにあたっては、協力会社との契約条件を明確にし、共通認識のもとに、工事に着手させることが必要です。契約条件とは、工事範

囲（支給材や別途工事）、数量、仕様、性能要求内容、搬入方法、揚重方法、作業時間、保証期間、保証内容、廃棄物・残材の処分費用、条件の変更が生じた時の対処方法、数量増減が生じた時の精算方法等をいいます。また、現場における予実算管理という意味では、協力会社との工事契約時はもちろん支払い時ごとに実行予算との対比を繰り返して行うことが必要となります。

Question 056

契約前に着工させてしまうとどのような問題が生じますか？

Answer

建設業法では着工前の書面による契約締結を求めており、協力会社請負工事の発注に際しては、事前の契約締結が事実上不可能である場合（予定外の緊急工事、災害復旧や急な補修工事等）を除き、着工前に契約を締結することとされています。建設会社によっては、着工依頼書・着工同意書といった文書を交付することにより仕事をさせることがありますが、これは建設業法に抵触するおそれがあります。

また、契約前に着工させてしまうことは、支払う段階になって、協力会社の言い値に近いもので契約することにもなり、原価管理の面でも問題があります。着工までの期間に余裕があれば、他の業者と相見積を行うこともできます。

Question 057

設計変更・追加工事における注意点は何ですか？

Answer

建築主から着工の指示がない限り、追加変更工事は実施しないというのが大

前提です。

　工事内容も不確定で金額も確定せず、しかも着工の指示もないのに工事を実施してしまい、結果的にサービス工事になり、大幅な利益低下を招いたというケースはよくあります。万が一、追加請負金が確定する前に工事原価が発生した場合は、これを可能な限り厳しく識別し、建築主に対しては、書面等による働きかけを頻繁に行うことが必要です。

　受注者は、立場上、工期や工事代金についてあいまいなまま工事を進めてしまい、完成間近になって工期延長や工事代金の増額を建築主に要求しがちですが、これらは問題となることが多く、解決までに時間や費用がかかることになります。建築主の変更要求については先延ばしにすることなく早目早目に行うことが必要です。

Question 058

協力会社請負工事における請負と常用（常傭）小仕事の違いは何ですか？

Answer

　請負は、事前契約のもとで発注条件で決められたことを行い、数量変更以外は増減しないのが原則です。建設会社にとっては、発注条件や施工範囲が明確であれば、請負にしたほうがコスト管理しやすいし、協力会社にとっても、作業員の確保や利益の面からも有利となります。一方、常用（常傭）小仕事は特例的なもので、発注条件や施工範囲が明確にできない場合に、単価契約して、常用として使った人工分を支払います。常用（常傭）小仕事は、不確定要素が多く、利益予測精度を下げるため、数量や施工条件を協力会社と協議の上、できるだけ請負契約とし、極力常用（常傭）小仕事を減らすことが必要です。

Question 059

歩掛りを知ることでどのようなメリットがありますか？

Answer

　歩掛りは工程管理と原価管理のベースとなります。そのためには、出面取り等により、歩掛りを覚えることが大切です。出面取りとは、毎日の作業員の人数を職種ごとに集計する作業ですが、ただ作業員の人数を数えているだけでは、歩掛りの知識は習得できません。歩掛りは施工条件によって現場ごとに変わるものですが、鉄筋工は1人当たり何百kgの配筋ができるかなどは1つの目安として使え、工程管理・原価管理の施工ノウハウが身につきます。施工条件に対する歩掛りを知っていれば、協力会社との単価交渉もしやすくなり、過去の実績を引き合いに出して、施工条件がこうだからこの単価でできるはずと説得できることになります。

Question 060

協力会社に対する請負代金を変更する場合の注意点は何ですか？

Answer

　設計変更・追加工事により協力会社に対する請負代金を変更する場合には、その工事が協力会社請負工事契約に含まれるかどうか、契約にはないが契約範囲に付随・包含したものとして契約に含まれるのかどうか等を確認した上で変更することが必要です。

Question 061

施工不良による協力会社からの戻入は可能ですか？

Answer

　例えば型枠精度が悪い場合等には、仕事のやり直し費用などを型枠会社と協議の上で工事代金から差し引くことがあります。この場合、協力会社に何の説明もせずに一方的に戻入処理（赤伝処理）を行うことは、建設業法第18条、第19条、第19条の3、第20条第3項、第28条第1項・第2項、第28条第1項第2号等に抵触します。産廃費用等を含め、協力会社からの戻入する場合は、戻入金額の算定根拠を示し、合意を得た上で戻入処理を行うことが必要です。

Question 062

品質管理の不備が建設会社に及ぼす影響はどんなものですか？

Answer

　品質管理上の不備や欠陥は、単に施工した建設物への影響だけにとどまらず、社会全体から厳しい非難を浴びることになります。このような事態を招くと、施工した建設会社が長年培ってきた品質に対する社会的信用が一瞬のうちに失墜するだけでなく、その後の営業活動にも重大な支障を来すことになります。

Question 063

工事施工中の構造物の不具合発生時の対応について教えてください。

Answer

　施工中に構造物に関する不具合が発生した時には、まず、工事監理者・設計者・建築主へ速やかに報告し指示を受けなければなりません。その上で、施工者・工事監理者・設計者・建築主の建築基準法上の役割・責任を十分に認識して適法性を確保する必要があります。なお、工事監理者・建築主からの指示があるまで、当該関連部分の工事は停止しなければなりません。その上で、具体的な対応工事方法として次のことが挙げられます。

　①原則として、不具合部分をすべて除去して再施工する。
　②次善の策として、「計画変更」または「軽微な変更」の手続きにより補強
　　等を行う。

Question 064

「計画変更」および「軽微な変更」の手続きと所要期間を教えてください。

Answer

　「建築確認を受けた建築物の計画の変更」では、計画の変更に係る確認を建築主事または指定確認検査機関に申請し、確認済証の交付を受けます。また、原則として、変更に関連する部分は工事を停止しなければなりません。上記手続きに要する期間としては次の通りです。

　・構造計算適合性判定の対象となる場合には2〜3ヵ月
　・大臣認定物件で再認定が必要な場合には4〜5ヵ月

第2章 現場責任者としてのマネジメント

　一方、「国土交通省令で定める軽微な変更」では、当該変更を記載した書類を中間検査申請書または完了検査申請書に添付しなければなりません。

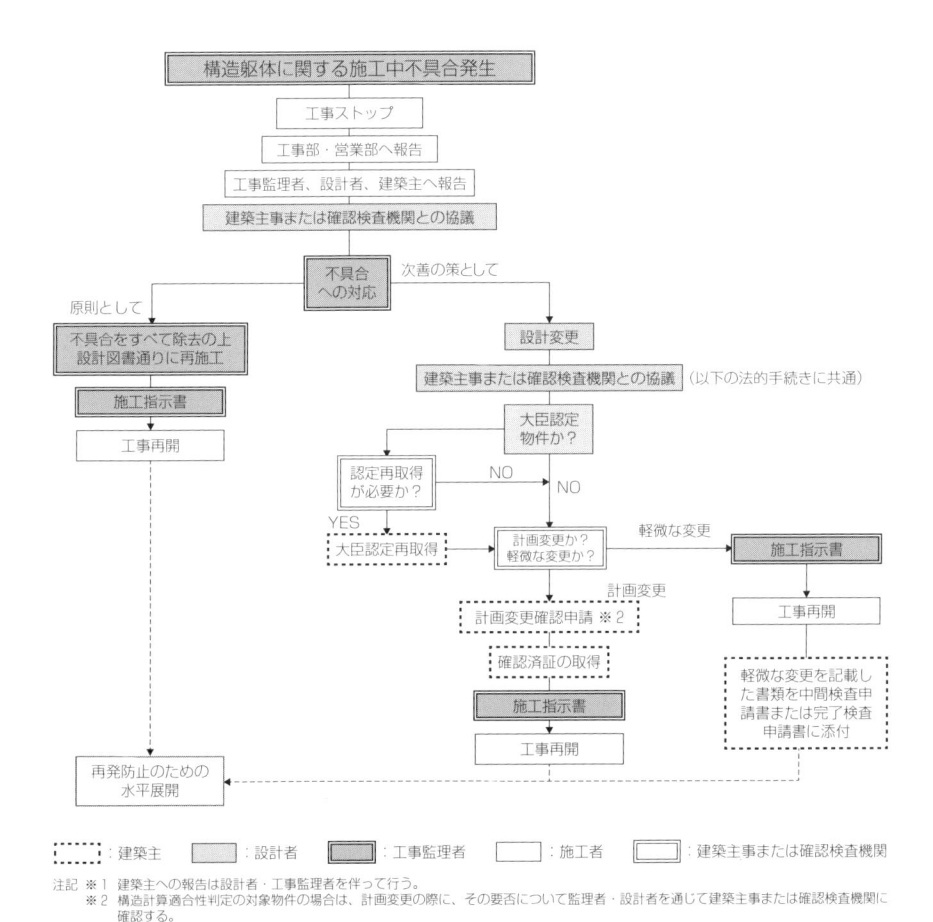

```
          構造躯体に関する施工中不具合発生
                    │
                工事ストップ
                    │
              工事部・営業部へ報告
                    │
            工事監理者、設計者、建築主へ報告
                    │
           建築主事または確認検査機関との協議
                    │
                不具合への対応
              ┌─────┴─────┐
          原則として        次善の策として
              │                │
      不具合をすべて除去の上    設計変更
      設計図書通りに再施工          │
              │          建築主事または確認検査機関との協議 (以下の法的手続きに共通)
          施工指示書              │
              │              大臣認定物件か？
          工事再開          ┌─────┴─────┐
              │        認定再取得          NO
              │        が必要か？            │
              │      ┌────┴────┐          │
              │     YES        NO         │
              │      │          │          │
              │  大臣認定再取得  │          │
              │              └──┬──┘       │
              │            計画変更か？
              │            軽微な変更か？── 軽微な変更 ──施工指示書
              │              │                              │
              │          計画変更                        工事再開
              │              │                              │
              │        計画変更確認申請 ※2                    │
              │              │                    軽微な変更を記載し
              │        確認済証の取得              た書類を中間検査申
              │              │                    請書または完了検査
              │          施工指示書                申請書に添付
              │              │
              │          工事再開
              │
      再発防止のための
        水平展開
```

┈┈┈ : 建築主　　▨ : 設計者　　▨ : 工事監理者　　□ : 施工者　　□ : 建築主事または確認検査機関

注記 ※1 建築主への報告は設計者・工事監理者を伴って行う。
　　 ※2 構造計算適合性判定の対象物件の場合は、計画変更の際に、その要否について監理者・設計者を通じて建築主事または確認検査機関に確認する。

構造体に関する施工中不具合対応フロー

73

Question 065

「国土交通省令で定める軽微な変更」とはどういうものをいいますか?

Answer

建築基準法施行規則では、「国土交通省令で定める軽微な変更」とは「安全上、防火上及び避難上の危険の度並びに衛生上及び市街地の環境の保全上の有害の度が高くならないもの」とされており、一方、「構造耐力上主要な部分である部材の材料又は構造の変更」であっても、軽微な変更に該当する場合もあります。原則、変更前後の建築材料の強度、耐力、耐火性能が減少しないことが条件です。ただし、設計図書より主筋の本数が多い、スラブ厚が厚い等のケースも構造計算上の荷重が変化することから軽微な変更とならない点にも注意が必要です。いずれにせよ、「軽微な変更」に該当するかどうかの判断は、施工者サイドで勝手に判定せず、設計者および建築主事または確認検査機関の判断を仰ぐことが大切です。

Question 066

近年、品質におけるVEやCD、建築材料の高強度化や工法の省力化が進んでいますが、これらにどのように対応すべきですか?

Answer

VEやCDは、建設物の質の低下や不具合の発生がないように十分な検討を行い、提案または採用することが必要です。また、建築材料の高強度化や工法の省力化に対応する場合も、技術的な理解を深め、品質管理の要点を明確にして、適切な施工計画を立案することが必要です。

いずれにせよ、実際に採用する場合には建築主や設計者の承認が必要です。

Question 067

協力会社に対して、品質を確保する上で重要なことは何ですか？

Answer

　建設現場の品質の良し悪しは、協力会社によるところが大きいといえます。そのため、工事責任者は、施工する協力会社そして職長・作業員がどんな施工技術を持ち、品質に対する認識はどの程度なのかを知っておく必要があります。また、設計図書や施工手順等については、あらかじめ協力会社を含めた関係者全員で相互確認した上で工事を開始することが必要です。また、各工程の工事の完了後の各種工程内検査は確実に行い、写真等で記録に残し、的確に合否を判定してから次工程へ進めることが大事です。

Question 068

工期途中に設計変更が生じた場合、相手方（建築主・設計者）とどのように対応するべきですか？

Answer

　設計変更が生じた場合は遅滞なく設計図書や生産図面等に展開し、確実に関係者に周知すること、そして、現場に変更内容が反映されていることを直接確認することが必要です。建築主は必要によって、工事を変更することができますが（約款第28条）、設計者の承諾なしに設計内容に手を加えることは、場合によっては設計図書の改変にあたります。また、設計者と監理者が同一の場合、監理者は設計意図を正確に受注者に伝えるため設計図を交付し、設計計画を検

討し助言し、工事の内容が図面、仕様書など契約に合致していることを確認する等の義務がありますので、建築主から直接仕様変更が出された場合には、建築主の要求のままに工事を進めるのではなく、設計事務所に指示・承認・意見・協議を求める必要があります。

Question 069

最近、現場の品質管理の不備に起因するトラブルが多発していますが、その要因としてどんなことが挙げられますか？

Answer

品質管理のトラブルの多くは、「契約どおり施工するため設計図書をよく確認する」という基本中の基本をおろそかにしたことが原因であり、それ以外には、施工前の事前調査の不足、詳細工事計画の不備、作業手順の不徹底および工事完了後の品質管理面の確認不足などが原因です。

Question 070

施工中の建設物の不具合にはどのようなものがあるのですか？

Answer

・鉄筋の本数・種類・太さを間違えた。
・設計変更で生じた小梁を見落とし、小梁がないまま施工した。
・杭芯位置を間違えた。杭が低止まりした。
・柱主筋のXY方向に誤りがあった。
・柱主筋本数が増えるフロアで追加忘れがあった。
・鉄筋のかぶり厚が不足した。

Question 071

工事請負契約に基づく瑕疵担保責任とはどのようなものですか？

Answer

瑕疵とは、何らかの欠点・欠陥をいい、具体的にいえば、
①完成された建物が契約上定められた内容を満足していない
②建物として通常有すべき性質・品質に欠けていること
などがこれにあたります。

建設工事に関する請負人の瑕疵担保責任については、民法、契約約款において次のように規定されています。

① 瑕疵担保責任とは、施工物の瑕疵について、引き渡し後に請負人が注文者に対して負う修補または損害賠償義務である。
② 瑕疵が重要でない場合、修補に過分の費用がかかる時は、修補義務は免責される。

また、瑕疵のせいで、契約の目的が果たせない場合でも、極めて重大な瑕疵を除いた建設工事に限って注文者は、契約解除できません。

Question 072

建設会社はいつまで、どんな範囲まで瑕疵担保責任を負うのですか？

Answer

民間（旧四会）連合協定工事請負契約約款第27条（2）ないし（3）では、瑕疵担保期間は引き渡しから、木造については1年、石造・金属造・コンクリート造、その他の工作物もしくは地盤については2年とされています。ただし、瑕疵の原因が請負人の故意または重過失による場合は、1年を5年とし、2年

を10年とされています。

　契約の目的物が、新築住宅の場合は、同約款第27条の2に基づき、「構造耐力上主要な部分」または「雨水の浸入を防止する部分」については10年とされています。なお、「住宅の品質確保の促進等に関する法律」により、契約において最長20年まで延長できることになっています。

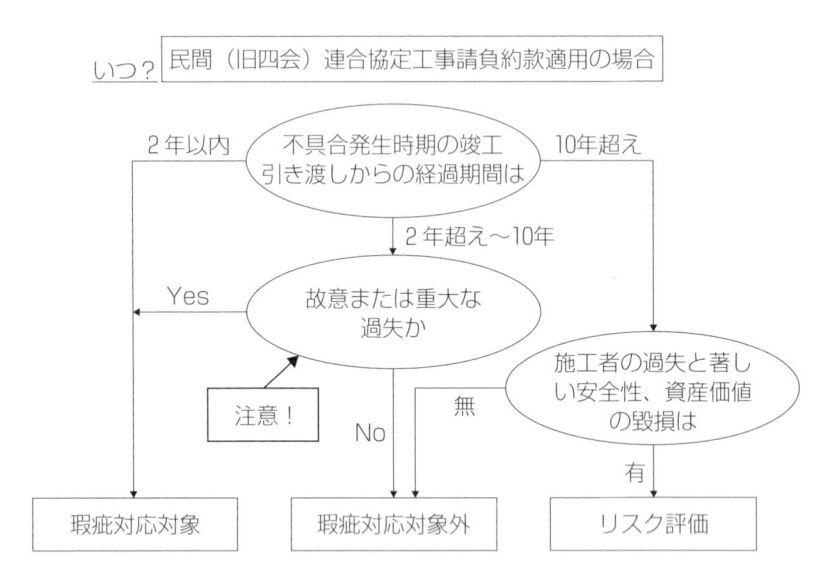

不具合発生時期と瑕疵請求時効の確認

（フローチャート：民間（旧四会）連合協定工事請負約款適用の場合）

- いつ？ → 不具合発生時期の竣工引き渡しからの経過期間は
  - 2年以内 → Yes → 瑕疵対応対象（注意！）
  - 2年超え〜10年 → 故意または重大な過失か
    - Yes → 瑕疵対応対象（注意！）
    - No → 瑕疵対応対象外
  - 10年超え → 施工者の過失と著しい安全性、資産価値の毀損は
    - 無 → 瑕疵対応対象外
    - 有 → リスク評価

Question 073

建築主から「この不具合は建設会社の「瑕疵」なのでは」と質問されました。建設会社としてどう対応すればよいですか？

Answer

　請負人は建設工事の瑕疵について修補または損害賠償義務を負います。しかしながら、建設会社がことさら安易に自社に「瑕疵担保責任がある」といった

趣旨の言葉を使うのは適切ではありません。不具合の原因、責任者がわからない段階では、原因を調査した上で、修補、損害賠償という法的責任とその責任の範囲を別途協議する必要があることを主張することになります。

2-4　現場の安全管理の責任と義務

Question 074

現場の安全管理を行うには、安全衛生管理体制を組織的、効果的に進めることが重要といわれますが、統括管理体制の意義と義務について教えてください。

Answer

統括管理体制の意義と義務

（1）　統括管理の意義

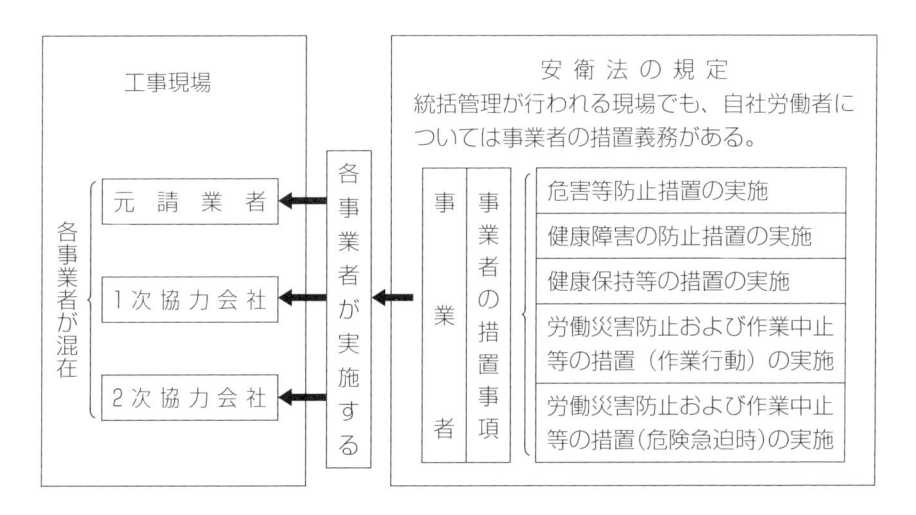

工事現場		安衛法の規定 統括管理が行われる現場でも、自社労働者については事業者の措置義務がある。
各事業者が混在	元請業者 ← 各事業者が実施する → 1次協力会社 ← 2次協力会社 ←	事業者 事業者の措置事項 : 危害等防止措置の実施 / 健康障害の防止措置の実施 / 健康保持等の措置の実施 / 労働災害防止および作業中止等の措置（作業行動）の実施 / 労働災害防止および作業中止等の措置（危険急迫時）の実施

建設工事現場は、前頁の図のように元請、協力会社の請負契約関係にある事業者が、同一の場所で混在し相関連して建設工事を行う場合が多いです。安衛法は第3章に各事業者が自社の労働者の労働災害防止に関する措置事項を定めています。また、元請業者を「元方事業者」と位置づけ、協力会社である「関係請負人」が法令に違反しないように指導し、是正のための指示を行う「元方事業者の措置事項」を定めています。

　しかし、建設業の労働災害を防止するためには、各事業者が行う措置事項（個別企業）とは別に、作業が同一場所で混在して行われることによる労働災害を防止するため、現場全体を統括的に管理することが必要です。

　この一連の合理的、組織的な安全管理を「統括管理」といいます。

　統括管理に関する安衛法の規定は、第15条（安衛令第7条の規定を含む。）において

　a　建設業と造船業を「特定事業」と
　b　建設業と造船業の元方事業者を「特定元方事業者」と定め
　c　特定元方事業者が講ずべき措置を定めています

（2）　統括管理の義務

　安衛法では、建設業の元方事業者を特定元方事業者として、安衛法第15条～第15条の3および第16条においては各級管理者の選任、第30条において「特定元方事業者の講ずべき措置」（いわゆる統括管理事項）を定めています。

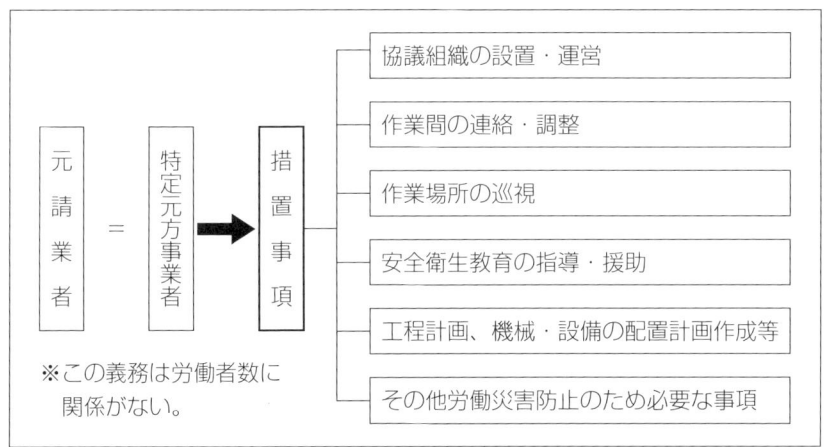

義務−1　統括管理事項（すべての工事現場に適用）

```
元請業者 ＝ 特定元方事業者 → 措置事項
                              ├ 協議組織の設置・運営
                              ├ 作業間の連絡・調整
                              ├ 作業場所の巡視
                              ├ 安全衛生教育の指導・援助
                              ├ 工程計画、機械・設備の配置計画作成等
                              └ その他労働災害防止のため必要な事項

※この義務は労働者数に関係がない。
```

　統括管理の講ずべき措置事項は、工事現場の労働者数と無関係のため、小規模工事も必ず実施しなければなりません。一定数以上の労働者が就業する工事現場の場合は、以下の各級管理者を選任し、労基署への届出義務があるにすぎません。

義務-2　各級管理者の選任（一定数以上の労働者が就業する工事現場に適用）

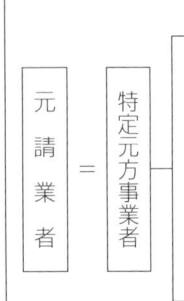

```
元請業者 = 特定元方事業者
　・統括安全衛生責任者および元方安全衛生管理者の選任
　　1．労働者数が30人以上の次の工事
　　　・ずい道等の建設の仕事
　　　・圧気工法による作業を行う仕事
　　　・一定の橋梁の建設の仕事
　　2．労働者数が50人以上の次の工事
　　　・上記以外の仕事（建築工事等）
　・店社安全衛生管理者の選任
　　1．労働者数が20人以上30人未満の次の工事
　　　・ずい道の建設の仕事
　　　・圧気工法による作業を行う仕事
　　　・一定の橋梁の建設の仕事
　　2．労働者数が20人以上50人未満の次の工事
　　　・鉄骨造、鉄骨鉄筋コンクリート造の建築物の建設の仕事
```

※この義務の労働者数は、<u>元請・協力会社の合計人数</u>である。

Question 075

現場の安全衛生管理体制の形態はどのようなものをいうのですか？

Answer

現場では、安衛法に基づいて安全衛生管理を実施するための適切な体制を構築する必要があります。

1．建設現場の安全衛生管理体制

安衛法に基づく安全衛生管理体制には、事業者と労働者という雇用契約下にある使用従属関係の面からとらえて、事業場ごとに選任または設置を義務づけられている管理体制（事業者主体を対象）と、事業者が混在している作業を行

う建設工事現場の請負契約関係下の労働災害を防止する管理体制（混在作業を対象）の２つがあります。

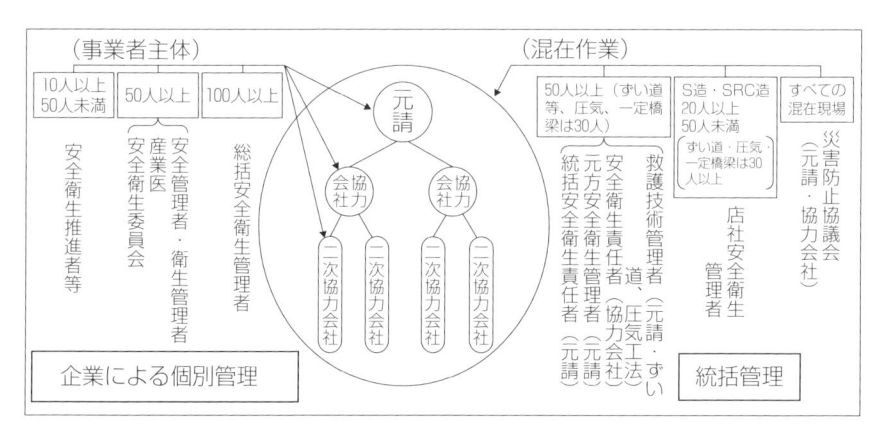

企業による個別管理　　　　　　　　　　　　　　　統括管理

２．統括安全衛生管理体制

　統括安全衛生管理体制には、特定元方事業者が１社の場合と、複数の場合とがあります。複数の場合には、安衛法第30条第２項の規定に基づき、建築主は統括安全衛生管理に係る措置を講ずべき者を指名しなければなりません。

Question 076

統括管理における管理者の職務と必要な資格について、安衛法ではどのように定められていますか？

Answer

　統括管理における管理者の職務と資格は以下のように定められています。

1．統括管理における管理者の職務

職　名	選任対象事業場	職　務	規則条文
統括安全衛生責任者	同一場所で元請、協力会社合わせて50人以上の労働者が混在する事業場（ずい道等、圧気工法、一定の橋梁は30人以上）	1．元方安全衛生管理者に対する指揮 2．救護技術管理者に対する指揮（ずい道等、圧気工法の仕事の場合） 3．次の業務の統括管理 　（1）協議組織の設置・運営 　（2）作業間の連絡・調整 　（3）作業場所の巡視 　（4）安全衛生教育への指導および援助 　（5）工程計画、機械、設備等の配置計画の作成、関係請負人への指導 　（6）クレーン等の運転についての合図の統一等 　（7）事故現場等の標識の統一等 　（8）有機溶剤の容器の集積場所の統一 　（9）警報の統一 　（10）避難等の訓練の実施方法の統一等 　（11）周知のための資料の提供等	安衛法15 安衛令7 安衛法25の2 安衛法30 安衛則635～642の3
元方安全衛生管理者	統括安全衛生責任者を選任する事業場	統括安全衛生責任者が統括管理すべき事項のうち、技術的事項の管理 （統括安全衛生責任者の職務の3(1)～(11)に同じ）	安衛法15の2 安衛則18の3
店社安全衛生管理者	同一場所で元請、協力会社合わせて20人以上50人未満の労働者が	1．作業場所の毎月1回以上の巡視 2．作業の種類、作業の実施の状況の把握	安衛法15の3 安衛則18の8

	混在するS造、SRC造の建築物の建設の事業場（ずい道等、圧気工法、一定の橋梁は20人以上30人未満）	3．協議組織の会議に随時参加 4．工事計画および機械配置計画の確認	
安全衛生責任者	統括安全衛生責任者を選任する事業者以外の請負人	1．統括安全衛生責任者との連絡 2．統括安全衛生責任者から連絡を受けた事項の関係者への連絡 3．統括安全衛生責任者から連絡を受けた事項の実施の管理 4．作業計画について統括安全衛生責任者との調整 5．他の請負人が混在する作業における危険の有無の確認 6．後次の請負人の安全衛生責任者との作業間の連絡、調整	安衛法16 安衛則19
救護技術管理者	1．1,000m以上のずい道等 2．50m以上の立て坑 3．ゲージ圧力0.1Mp以上の圧気工法	次の事項のうち、技術的事項 1．労働者の救護に関し、必要な機械等の備付けおよび管理 2．労働者の救護に関し、必要な事項についての訓練 3．爆発、火災等に備えて、労働者の救護に必要な事項	安衛法25の2 安衛令9の2 安衛則24の2 24の3

2．統括管理における管理者の必要資格

職　名	資　格	規則条文
統括安全衛生責任者	資格は不要。工事現場の事業の実施を統括管理する者。	安衛法15
元方安全衛生管理者	工事現場に専属の者（他現場との兼務は禁止）の中で、次に掲げる一定の資格を有する者。 　　a．大学または専門学校の理科系統の正規の過程を修めた卒業者で、その後3年以上建設工事の施工における安全衛生の実務経験を有する者。	安衛法15の2 安衛則18の4

	b．高等学校の理科系統の正規の学科を修めた卒業者で、その後5年以上建設工事の施工における安全衛生の実務経験を有する者。	
店社安全衛生管理者	統括安全衛生責任者の選任を要しない工事で一定以上の労働者が入場する工事の場合、直近上位の部署の者の中で、次に掲げる資格を有する者。 　a．大学または専門学校の卒業者で、その後3年以上建設工事の施工における安全衛生の実務経験を有する者。 　b．高等学校の卒業者で、その後5年以上建設工事の施工における安全衛生の実務経験を有する者。 　c．8年以上建設工事の施工における安全衛生の実務経験を有する者。	安衛法15の3 安衛則18の7
安全衛生責任者	資格は不要。 統括安全衛生責任者との毎作業日の仕事についての連絡、調整が職務であり、工事現場の常駐者から選任すること。	安衛法16
救護技術管理者	ずい道等の救護技術管理者講習の修了者で、次の実務経験者。 　a．ずい道等の建設の仕事で出入口からの距離が1,000m以上、深さが50m以上となるたて坑の掘削を伴うものでは、3年以上ずい道等の建設の仕事に従事した経験を有する者 　b．圧気工法による作業を行う仕事で、ゲージ圧力0.1Mp以上で行うものでは、3年以上圧気工法による作業を行う仕事に従事した経験を有する者	安衛法25の2 安衛則24の8

Question 077

特定元方事業者としての講ずべき措置には、どのようなものがありますか？

Answer

建設業の元方事業者は、特定元方事業者として、一の場所で多数の関係請負人の労働者が混在して作業を行う場合に、相互の連絡および調整が十分行われないこと等によって生ずる労働災害を防止するため設けられた安衛法第30条に基づき以下の必要な措置を講じなければなりません。

1　協議組織の設置及び運営を行うこと。（安衛則第635条）
2　作業間の連絡及び調整を行うこと。（安衛則第636条）
3　作業場所を巡視すること。（安衛則第637条）
4　関係請負人が行う労働者の安全又は衛生のための教育に対する指導及び援助を行うこと。（安衛則第638条）
5　仕事を行う場所が仕事ごとに異なることを常態とする業種で、厚生労働省令で定めるものに属する事業を行う特定元方事業者にあっては、仕事の工程に関する計画及び作業場所における機械設備等の配置に関する計画を作成するとともに、当該機械、設備等を使用する作業に関し関係請負人がこの法律又はこれに基づく命令の規定に基づき講ずべき措置についての指導を行うこと。（安衛則第638条の3、4）
6　前各号に掲げるもののほか、当該労働災害を防止するため必要な事項

上記1〜5に述べたことのほか
　混在現場にあっては、労働災害防止のため必要な事項とし、次のことがあげられる。（安衛則第639条）
a．クレーン等の運転についての合図の統一（安衛則第639条）
　クレーン、移動式クレーン、デリック、建設用リフト、簡易リフト等の運転合図を統一して定めた合図方法を使用するよう教育し、図表を見やすい場所に掲示し関係者に周知させること。
b．事故現場の標識の統一等（安衛則第640条）
　潜函の作業室及び気閘室、酸素欠乏危険の場所、有機溶剤業務を行う場所等

に事故が発生したときは、統一した標識を定めて事故現場を表示し、必要以外の者を立ち入らせないこと。
c. 有機溶剤等の容器の集積箇所の統一 （安衛則第641条）
塗料、防水剤等で有機溶剤を含有するもの、及びその容器については、集積する場所を定め、その場所に保管しなければならないこと。
d. 警報の統一 （安衛則第642条）
発破が行われる場合、火災が発生した場合、土砂崩壊、出水、なだれ等が発生した場合、又は発生するおそれがある等の場合の警報を定め、これを関係請負人及びその作業員に周知させること。
e. 避難等の訓練の実施方法等の統一等 （安衛則第642条の2）
ずい道等の建設作業において、落盤、出水、ガス爆発、火災等が生じたときに備えるため避難等の訓練について、実施時期及び実施方法を統一的に定め、関係請負人に周知すること。

また、関係請負人が新たに就労する労働者に現場の状況等について周知を図る場合に、必要な場所、資料の提供等の援助を行うことも義務づけています（安衛則第642条の3）。

Question 078

関係請負人の講ずべき措置にはどのようなものがありますか？

Answer

関係請負人の講ずべき措置は、次のような措置が安衛法で定められています。

1．関係請負人の責務

関係請負人は、事業者として自らが雇用し労働者として使用する者に対して、労働災害防止のために当然必要な措置を講じなければなりません。

事業者として講ずべき措置は、安衛法第20条から第25条までに規定されています。ここでは建設現場で複数の事業者の労働者が混在して作業を行う場合、統括管理のもとで果たすべき責務および元方事業者が講ずる措置における責務

ならびに注文者として機械、設備等を使用する場合の責務等を記載します。

2．統括管理下における関係請負人の責務

a　統括管理の措置事項に対する責務

> **特定元方事業者の措置への対応**
>
> 　特定元方事業者（分割発注の場合は、指名された特定元方事業者をいう。以下同じ。）以外の請負人でその仕事を自ら行うものは、特定元方事業者が労働災害防止のため講ずる措置に応じて、次の必要な措置を講じなければならない（安衛法第32条）。
> 　（a）　協議組織への参加（安衛則第635条）
> 　　　関係請負人は、特定元方事業者が設置する協議組織に参加すること。
> 　（b）　作業場所の巡視への協力（安衛則第637条）
> 　　　関係請負人は、特定元方事業者が行う巡視を拒み、妨げ、又は忌避しないこと。
> 　（c）　クレーン等の運転についての合図の統一（安衛則第639条）
> 　　　統一的に定められた合図と同一のものを定めること。
> 　（d）　事故現場等の標識の統一等（安衛則第640条）
> 　　　関係請負人は、自ら行う作業場所における事故現場等について、特定元方事業者が定めた標識によって明示すること。必要以外の者を事故現場等に立ち入らせないこと。
> 　（e）　有機溶剤等の容器の集積箇所の統一（安衛則第641条）
> 　　　関係請負人は、容器を集積するときは、統一的に定められた箇所に集積すること。
> 　（f）　警報の統一等（安衛則第642条）
> 　　　統一的に定められた警報を行うこと。警報時に危険区域にいる労働者のうち必要がある者以外の者を退避させること。
> 　（g）　避難等の訓練の実施方法の統一等（安衛則第642条の2）
> 　　　統一的に定められた実施時期、実施方法により避難等の訓練を行うこと。

b　安全衛生責任者の選任とその職務

> **安全衛生責任者の選任**
>
> 　統括安全衛生責任者を選任すべき事業者以外の請負人で当該仕事を自ら行うものは、安全衛生責任者を選任し、通報しなければならない。（安衛法第16条）
> 　安全衛生責任者の職務（安衛則第19条）

（a）統括安全衛生責任者との連絡。
　（b）統括安全衛生責任者から連絡を受けた事項の関係者への連絡。
　（c）統括安全衛生責任者からの連絡事項の実施についての管理。
　（d）請負人が作成する作業計画等について、統括安全衛生責任者との調整。
　（e）混在作業による危険の有無の確認。
　（f）請負人が仕事の一部を後次の請負人に請け負わせる場合には、その請負人の安全衛生責任者との連絡調整。

　c　その他の責務
　（a）元方事業者の指示への対応
　　　関係請負人は、元方事業者の是正指示に従う義務を負います（安衛法第29条第3項）。
　（b）注文者の措置への対応
　　　関係請負人は、その労働者が注文者（特別規制の対象となるものに限る）の建設物等を使用する場合には、注文者が労働災害防止のため講ずる措置に応じて、措置を行わなければなりません（安衛法第32条）。

Question 079

安全施工サイクルの意義と目的について教えてください。

Answer

1. 安全施工サイクルの意義と目的

　安全施工サイクルは、工事現場の各協力会社が、足並みをそろえて安全衛生管理を行うための手法であり、建設業労働災害防止協会が提唱した活動です。
　建設現場の安全を確保するには、施工上の特性を考慮した施工計画、安全衛生管理計画等に基づき、各工程に対応した施工管理、安全衛生管理が行われなければなりません。

安全施工サイクルの目的と意義

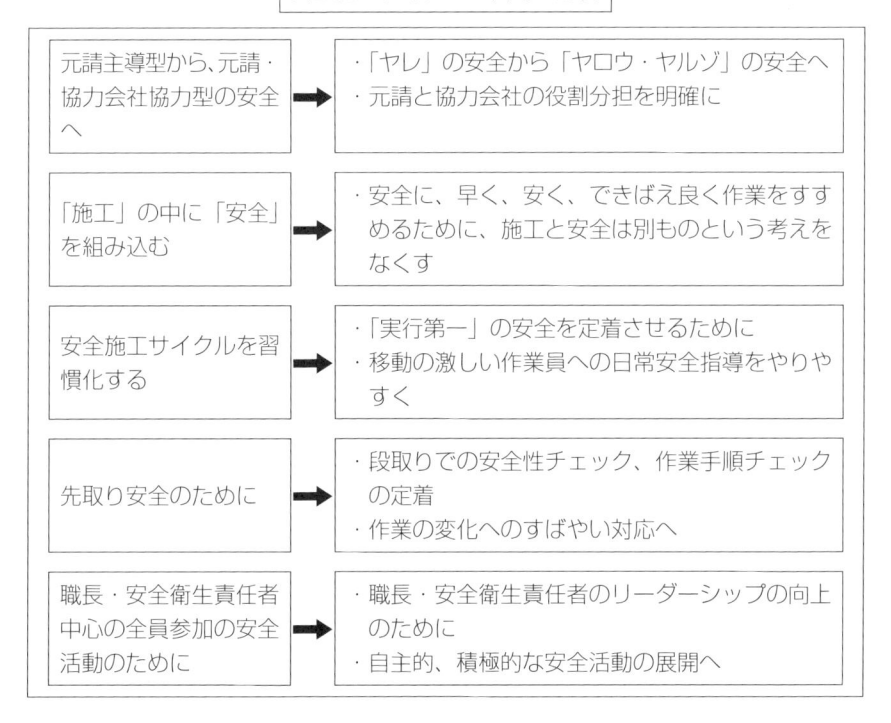

元請主導型から、元請・協力会社協力型の安全へ	・「ヤレ」の安全から「ヤロウ・ヤルゾ」の安全へ ・元請と協力会社の役割分担を明確に
「施工」の中に「安全」を組み込む	・安全に、早く、安く、できばえ良く作業をすすめるために、施工と安全は別ものという考えをなくす
安全施工サイクルを習慣化する	・「実行第一」の安全を定着させるために ・移動の激しい作業員への日常安全指導をやりやすく
先取り安全のために	・段取りでの安全性チェック、作業手順チェックの定着 ・作業の変化へのすばやい対応へ
職長・安全衛生責任者中心の全員参加の安全活動のために	・職長・安全衛生責任者のリーダーシップの向上のために ・自主的、積極的な安全活動の展開へ

そのため、安全施工サイクルは、現場の作業工程（毎日・毎週・毎月・随時）に対応した施工管理、安全衛生管理を組み込んで、施工と安全の一体的な推進を図り、良く、早く、安く、しかも無事故・無災害で工事を完成させることを目的としています。

2．安全施工サイクルの基本的実施事項

安全施工サイクルは現場の施工条件により相違はありますが、次の基本的実施事項を柱に定型化し、全員参加による継続的活動として定着させる必要があります。

区 分			毎日定期に実施する事項		週・月または随時に実施する事項
基本的実施事項	作業開始前		○体　操 ○安全朝礼 ◎TBM（作業手順ＫＹを含む） ◎作業開始前の点検	毎週	△週間安全工程打ち合わせ ○機械、電気等の週間点検 ○週間一斉片付け
^	作業中		◎作業中の点検 　（職長、安全当番、工事担当者） ◎現場所長の巡視 　（統責者または元方安全衛生管理者） ◎指導・監督 ○工事担当者工程打ち合わせ	毎月	◎災害防止協議会 ◎機械、電気等月例自主検査 △安全大会
^	昼食・休憩			随時	△新規入場予定業者との事前打ち合わせ ◎新規入場者の入場時教育 ○機械等の使用届 △各種教育、訓練、勉強会の実施
^	作業中		◎指導・監督 ◎安全工程打ち合わせ（元請、協力会社） ○点検 ○巡視	^	^
^	作業開始前		◎各職場の後片付け ○終業時ミーティング ○終業時の確認	(注)	◎……最重点実施事項 ○……重点実施事項 △……順次実施事項

Question 080

労働者には災害防止の責任はないのですか？

Answer

　労働災害の防止は、事業者に当然課せられた義務ですが、さらに労働者自身も、労働災害の防止のために各規則に基づいて、事業者が講ずる措置に応じて

必要な事項を順守する義務があることを定めています。(安衛法第26条)
1．主な規定
　①「労働者は、……安全帯の使用を命じられたときは、これを使用しなければならない（安衛則第520条）」。
　②「労働者は、……手製の使用を禁止されたときは、これを使用してはならない（安衛則第111条第2項）」。
　　等多くの規定があります。
　③労働者にこれらの法令順守義務違反行為があれば、50万円以下の罰金が科されます（安衛法第120条第1号）。
2．労働者が処罰される例
　①無資格で車両系建設機械等を運転した結果、当該運転手や他の労働者、第三者が死傷した場合があります。
　②当該運転手が死亡しても、被疑者死亡で送検されることもあります（結果的には被疑者死亡で不起訴処分となります）。

Question 081

建設現場の元請・協力会社関係において関係請負人の労働災害の防止責任は、現場全体の統括管理責任を負う元請にありますか？

Answer

　建設業の場合には、元請業者が建築主から工事を請け負い、現場に事務所を設け、また、重層下請負関係にある専門工事業者等を統括管理し、施工管理の一切を行い、工事を完成させ、それによって利益を上げているため、ともすれば協力会社の認識としては、安全衛生管理上の事業者責任についてもすべて元請業者にあり、建設現場で生ずる労働災害防止の責任も元請業者にあると考えられがちです。

　そのうえ、建設の事業が重層請負によって行われる場合、労災保険加入の責

任が元請業者にあることも、そのような考え方をしがちにしています。

　しかし、安衛法では、事業者が労働者との間に使用従属関係と賃金の支払いの条件があってはじめて事業者責任が生ずることになります。

　したがって、元方事業者であるとか、統括安全衛生管理の責任が元請業者にあるということだけで、各建設工事の施工にあたっての安衛法上の「事業者責任」を問われるものではありません。

　元請業者は、安衛法上、協力会社に対する指導、指示の義務や安全な建設物等を貸与し、使用させる義務があるといっても、これによって労働者を雇用していない元請業者が協力会社の労働者に対して「事業者」の立場に立つということにはならず、この点をはっきり認識しなければなりません。

　このことから、安衛法では措置義務主体を「事業者」と定め、労働者と直接の使用従属関係にない元請業者には、事業者として措置義務（事業者責任や特定注文者責任）を課しておらず、元請業者、注文者という立場から講ずべき特別の措置義務（統括管理責任）を課しているにとどまっています。したがって、協力会社、再協力会社はそれぞれの使用従属関係にある自己の支配下にある労働者に対して事業者としての安全衛生上の法的義務を果たすようにしなければなりません。なお、元請業者でも自社の社員あるいは直接に雇用している労働者に対しては事業者としての立場となり、その責任を果たさなければなりません。

　建設現場での施工の実態は、重層下請負関係にあります。そこで、協力会社の現場責任者が現場に常駐して配下の労働者を直接指導している場合は問題はないのですが、元請業者の社員が協力会社の労働者を直接指揮監督している場合には、元請業者と協力会社の労働者との間に使用従属関係（労働者供給的な場合がそれにあたります）ありとして元請業者の直接雇用の労働者と認められることもあり、災害防止措置の責任（事業者責任）を追及されることがあります。

　重層下請負関係による形態での施工においては、協力会社および再協力会社の指揮、監督権を有する者は誰かを把握し、安全衛生管理の事業者責任の体系を確立して作業にあたらせることが重要です。

Question 082

安衛法に定める安全措置を講じなくても、災害さえ発生しなければ処罰されませんか？

Answer

　労働基準監督官からの監督指導で、違反を繰り返した場合等では、災害が発生しなくても、送検されることがあります。

1．死亡や重大災害が発生すると、業務上過失致死傷関係では警察が、安衛法など労働法規違反関係では労基署が、それぞれ独立して調査し、犯罪の疑いがあれば直ちに捜査が開始されます。

①警察官が主に担当する刑法の業務上過失致死傷は、「災害発生（結果）→原因追及→処罰」と進行し、災害発生が前提です。

②労働刑法の安衛法は、災害発生とは無関係に、法に定める必要な措置を行っていないという現行犯に近い違反の摘発です。法違反の状況があった結果、災害が発生したというもので、災害発生は情状に過ぎません。

2．災害が発生しなくても、労働基準監督官の監督指導を受け、同一現場で、同一内容の法違反を繰り返した場合等は、安全措置を求める手段として行政指導が困難と判断し、労基署は司法処分（罰金刑や懲役刑）を行うことがあります。これを事前送検といいます。

2-5　現場における環境管理（産業廃業物適正処理）

Question 083

建設副産物とはどのようなものをいいますか？

1．建設副産物とは

（1）建設副産物

「建設副産物」とは、建設工事に伴い副次的に得られたすべての物品であり、その種類としては、「工事現場外に搬出される建設発生土」、「コンクリート塊」、「アスファルト・コンクリート塊」、「建設発生木材」、「建設汚泥」、「紙くず」、「金属くず」、「ガラスくず・コンクリートくず（工作物の新築、改築または除去に伴って生じたものを除く。）および陶器くず」またはこれらのものが混合した「建設混合廃棄物」などがあります。

（2）建設発生土

「建設発生土」とは、建設工事から搬出される土砂であり、廃棄物処理法に規定する廃棄物には該当しません。

建設発生土には（1）土砂および専ら土地造成の目的となる土砂に準ずるもの、（2）港湾、河川等の浚渫に伴って生ずる土砂（浚渫土）、その他これに類するものがあります。

第2章 現場責任者としてのマネジメント

建設発生土	— 土砂及び専ら土地造成の目的となる土砂に準ずるもの — 港湾、河川等の浚渫に伴って生ずる土砂その他これに類するもの	
有 価 物	— スクラップ等他人に有償で売却できるもの	

廃棄物

一般廃棄物
　一般廃棄物の具体的内容（例）
　河川堤防や道路の法面等の除草作業で発生する刈草、
　道路の植樹帯等の管理で発生する剪定枝葉

特別管理一般廃棄物

廃棄物処理法施行令で 定められた産業廃棄物	工事から排出される産業廃棄物の具体的内容（例）	
がれき類	工作物の新築、改築又は除去に伴って生じたコンクリートの破片、その他これに類する不要物　①コンクリート破片　②アスファルト・コンクリート破片　③レンガ破片	コンクリート塊 アスファルト・コンクリート塊
汚泥	含水率が高く微細な泥状の掘削物 （掘削物を標準ダンプトラックに山積みできず、またその上を人が歩けない状態（コーン指数がおおむね200kN/m²以下又は一軸圧縮強度がおおむね50kN/m²以下）、具体的には場所打杭工法・泥水シールド工法等で生ずる廃泥水）	建設汚泥
木くず	工作物の新築、改築又は除去に伴って生ずる木くず （具体的には型枠、足場材等、内装・建具工事等の残材、伐根・伐採材、木造解体材等）	建設発生木材
廃プラスチック類	廃発泡スチロール等梱包材、廃ビニル、合成ゴムくず、廃タイヤ、廃シート類、廃塩化ビニル管、廃塩化ビニル継手	
ガラスくず、コンクリートくず（工作物の新築、改築又は除去に伴って生じたものを除く）及び陶磁器くず	ガラスくず、コンクリートくず（工作物の新築、改築又は除去に伴って生じたものを除く）、タイル衛生陶磁器くず、耐火レンガくず、廃石膏ボード	
金属くず	鉄骨鉄筋くず、金属加工くず、足場パイプ、保安柵くず	
紙くず	工作物の新築、改築又は除去に伴って生ずる紙くず（具体的には包装材、段ボール、壁紙くず）	
繊維くず	工作物の新築、改築又は除去に伴って生ずる繊維くず（具体的には廃ウエス、縄、ロープ類）	
廃油	防水アスファルト（タールピッチ類）、アスファルト乳剤等の使用残さ	
ゴムくず	天然ゴムくず	
燃え殻		
廃酸		
廃アルカリ		
鉱さい	注）廃棄物が分別されずに混在しているもの。	
動物性残渣		
動物性固形不要物		
動物のふん尿		
動物の死体		
ばいじん		
産業廃棄物を処分するために処理したもの		

産業廃棄物

特別管理産業廃棄物

廃油	揮発油類、灯油類、軽油類
廃PCB等及びPCB汚染物	トランス、コンデンサ、蛍光灯安定器
廃石綿等	飛散性アスベスト廃棄物

建設副産物
建設廃棄物
建設混合廃棄物（注）

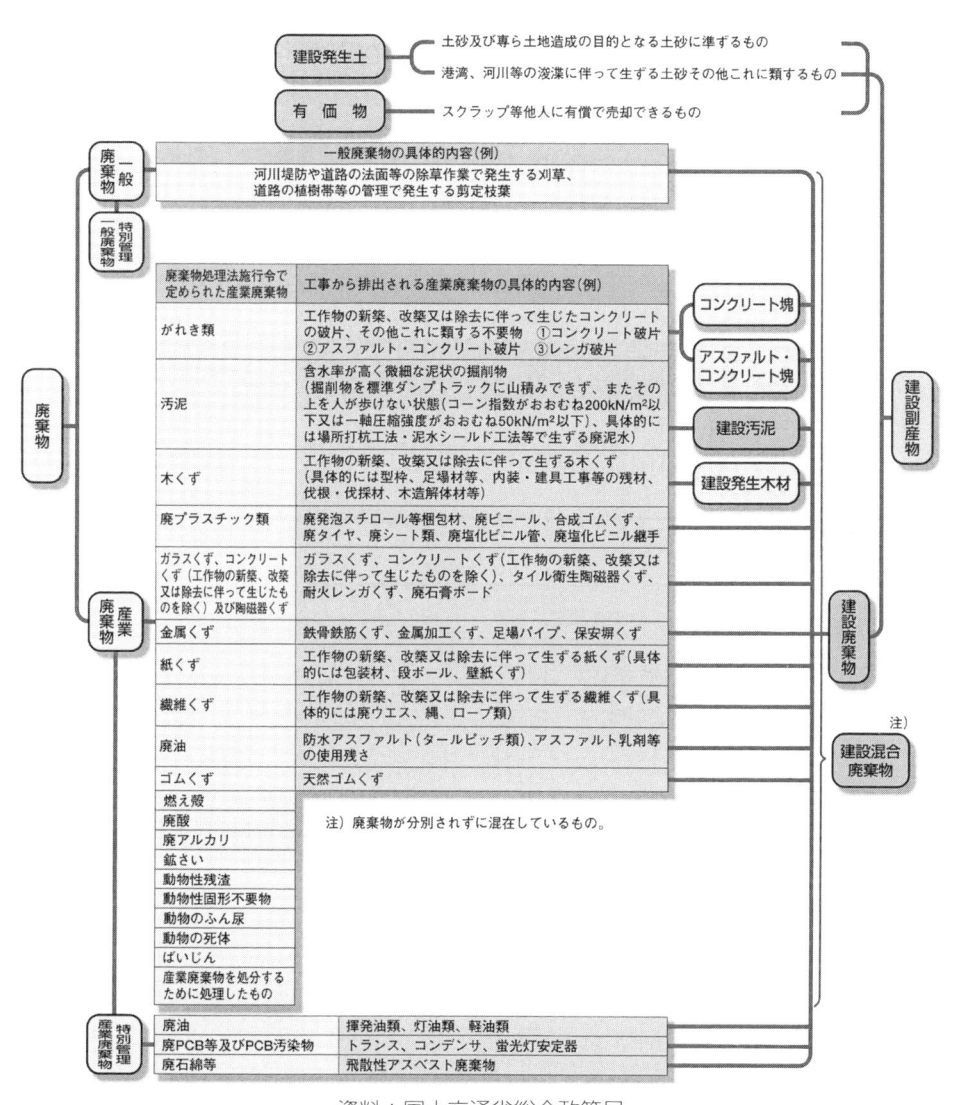

資料：国土交通省総合政策局

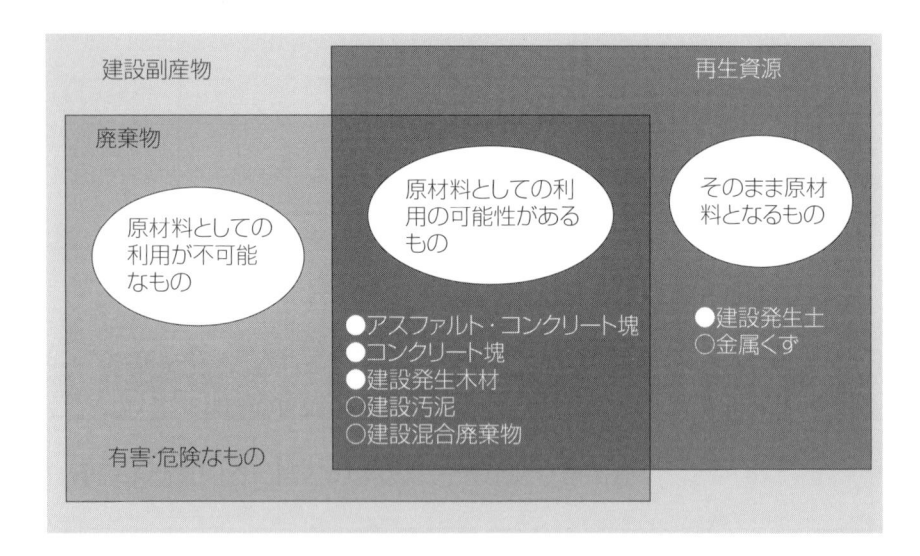

[図：建設副産物・廃棄物・再生資源の分類]

- 建設副産物
  - 廃棄物
    - 原材料としての利用が不可能なもの
    - 有害・危険なもの
- 原材料としての利用の可能性があるもの
  - ●アスファルト・コンクリート塊
  - ●コンクリート塊
  - ●建設発生木材
  - ○建設汚泥
  - ○建設混合廃棄物
- 再生資源
  - そのまま原材料となるもの
    - ●建設発生土
    - ○金属くず

（3） 廃棄物とは

　事業場（現場）などで事業活動に伴って発生するごみ、建設汚泥、建設発生木材、建設混合廃棄物等またはその他不要物であって、固形状または液状のものをいいます。

Question 084

排出事業者の契約締結者は代表者となっていますが、支店長や現場所長でもかまいませんか？

Answer

　代表者から契約締結権等の権限を委任されていれば、支店長印や現場所長印等で差し支えないです。二者契約とは、排出事業者が委託契約を取り交わす時、収集運搬業者と処分業者が異なる場合にはそれぞれの会社と個別に契約することをいいます。三者契約とは、収集運搬業者と処分業者が別会社であるにもかかわらず１枚の契約書で排出事業者と収集運搬会社、処分会社とが契約する場

合をいいます。こうした三者契約は、委託基準違反となります。

Question 085

産業廃棄物の収集運搬および処分を同一の業者に委託しようとする場合、収集運搬、処分それぞれについて、別々の契約書が必要となりますか？

Answer

1つの契約書で大丈夫です。

Question 086

「再委託禁止」の条項で「他人に委託せざるを得ない事由」とは何ですか？

Answer

再委託は原則禁止されており、例外的に再委託基準に従って委託する場合は、収集運搬業者の車両が故障し自社のみでは運搬しきれない状況が生じた場合や、処分業者の施設が故障等によって受託した産業廃棄物を受け入れ処分できない場合等です。

Question 087

産業廃棄物（無害なもの）を社有地へ放置しておくのは違反になりますか？

Answer

たとえ無害な物であっても、また自分の敷地内であっても、産業廃棄物は「保管の基準」に従って、保管しなければなりません。保管の基準とは、保管場所の周囲に囲いを設けたり、保管場所の見やすい所に掲示板（縦・横60cm以上）を設けなければなりません。

（掲示板には下記事項を表示）
・産業廃棄物の保管場所である旨
・産業廃棄物の種類
・管理者の氏名または名称および連絡先など

Question 088

型枠の残材を型枠業者に処理させていますが問題ないですか？

Answer

工事現場で発生した産業廃棄物の処理責任は元請業者にあるので、協力会社が発生させた残材（使用できない形状のもの）であっても、協力会社（たとえ材工込みの型枠業者であっても）にそのまま処理させることはできません。

Question 089

民間工事で、建築主より総合商社A社が請け負った工事について、躯体工事をゼネコンB社が、また設備工事をC社がA社との協力会社請負契約に基づいて施工しています。この場合の排出事業者は誰になるのですか？

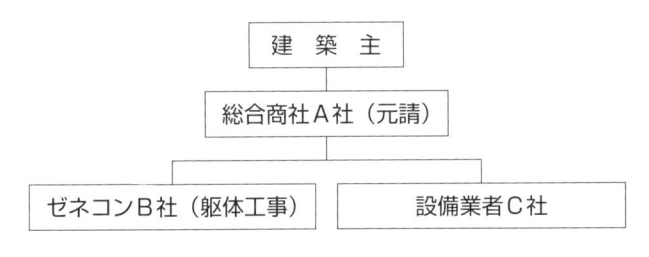

```
           建 築 主
              │
      総合商社A社（元請）
         ┌────┴────┐
  ゼネコンB社（躯体工事）  設備業者C社
```

Answer

　A社が建設工事における元請業者にあたるため、A社が排出事業者となります。なお、建築主よりB社が躯体を、C社が設備をそれぞれ直接請け負った場合は、B社とC社は、それぞれが排出事業者となります。

現場運営のセンスアップ

第3章

概説

　現場責任者が建設工事において、トラブルなく現場を運営するためには工事に関わるすべての人々との人間関係が重要な鍵となります。工事の関係者とは建築主、設計者、下請け協力会社、行政機関、近隣住民、社内の関係部門まで多岐にわたります。これら関係者への対応として以下のような行動をとることがポイントです。

①建築主には誠実かつ迅速に対応することです。建設工事について専門ではない建築主も多いので、対応する場合に専門用語を多用することを避けるなど細かな配慮が必要です。また、工事に関する質問をされた場合は、わかりやすく丁寧に回答することが大切です。

②設計者（自社設計の場合と他社設計の場合があります）に対しては、設計図通りに建物を造りこむことは基本です。ところが、設計者はよい建物を造ることにこだわるあまり過剰な品質になったり、製作物の承認が遅れたりしがちですが、毅然と対応することが必要です。それが最終的にお客様のためになるからです。現場責任者はお客様の方を向いて仕事しなければなりません。

③元請の現場責任者としてマネジメントしてきた経験から、下請け協力会社に対して威圧的になりがちですが、対等の立場で接するべきです。協力会社の作業員なくして建物はできないのですから、作業員に気持ちよくやりがいを持って仕事をしてもらえる環境づくりに配慮してください。現場で働く職人の多くは、良い仕事を少しでも早くやり遂げようという気持ちでやっているものです。彼らの力を100％発揮させることが現場責任者の腕の見せ所です。

④行政機関に対してはコンプライアンス（法令順守）問題に発展しないようにすることです。自分の知識不足により必要書類の提出が遅れてしまったというようなことが起こらないよう社内関係部署に事前に相談しておくとよいでしょう。

⑤近隣住民に対しては小さなクレームでも迅速かつ誠実に対応することで

す。特定のクレーマーがいる場合も根気よく対応するしかありません。工事そのものに反対する住民は工事完成まで反対の姿勢を変えることはありません。一度、苦情を持ち込んだ住民は、最後まで苦情を言い続けますが、「どんな苦情にもあの現場責任者はよく対応しているな」と思わせたらこちらの勝ちと思って粘り強く対応してください。

⑥建設現場でのトラブルの中でどうしても解決しながら工事の進行を図らなければならなのは、いわゆる「地回り」「ヤクザ」「チンピラ」等の暴力団（組）や右翼標榜団体等による金銭要求、恐喝じみた建設工事への参入強要（作業員の派遣、建築資材の納入など）があります。現場責任者はこの種のトラブルに遭っても、コンプライアンスに乗っ取った敏速で正しい解決が要求されます。

⑦社内の関係部署とはよく連携をとって、会社としての総合力を持って仕事にあたることが重要です。各専門部署の連携がスムーズにいくよう現場責任者はキーマンとならなければなりません。

3-1　人間関係のセンスアップ

Question 090

工事に着手して3ヵ月経過した頃にお客様から14ヵ月の工期を1ヵ月短縮して欲しいとの要望がありました。当初から厳しい工程でスタートしたので要望に応えることは難しいのですが、上手に断る方法を教えてください。

Answer

　建設工事には、規模に応じた必要な工期があることを2つの観点から説明するとよいでしょう。1つは建築資材であるサッシや外装タイルなど多くの仕上げ材料を工場で製作しますが、工期短縮のために製品の製作期間を無理に短縮すると製品の品質や精度に悪影響を及ぼしかねないことを説明します。2つ目は、現地での組立て作業は多くの専門の職人が決められた作業工程の積み重ねによってつくりこまれていくもので、単純に人員を増やしても工程を短縮できるものではありません。無理な工期短縮は品質上の問題を発生させるリスクを伴うことを丁寧に説明して理解してもらうことです。例えば屋上のアスファルト防水工事をするには屋根コンクリートの乾燥が必要であり、適正な含水率が得られるには乾燥期間が必要であることなど具体的に説明して理解を得られるようにしてください。

Question 091

建築主の担当者は建築に関しては素人ですが、誠実に対応したいと考えています。担当者に接する際の注意点があれば教えてください。

Answer

建築主の担当者に応対するいくつかのケースに分けて説明します。

①外装材・内装材の仕様は設計者が決めるものですが、仕上げ材の色などは建築主に決めてもらうケースがよくあります。そのような場合は色見本だけではなく実際の仕上りに近い現物のサンプルを用意して建築主が選びやすいように配慮しておくことが大切です。

②設計図書に折込み済の仕様を変更する提案をする場合は、専門用語を多用せずできるだけわかりやすい言葉を選んで説明してください。変更提案によりコストがアップするようなときには、将来的に長持ちするとか、使い勝手が良いとか丁寧に説明して理解してもらうことが信頼につながります。

③工事に問題が発生した場合でも隠さずに説明した方がよい事案もあります。例えば悪天候や製品納期の遅れなどが原因で工程が遅れた場合は、理由をはっきり説明していつまでに取り返せるかをわかりやすく説明してください。建築主にいつでも安心感を持ってもらうことが大切です。

Question 092

安全には十分注意して現場の管理をしていましたが、作業員の不注意で転倒による不休災害が発生しました。建築主は重大事件が起きたように受け取り、再発防止対策を求められています。小さなケガは現場ではある程度やむを得ないことをわかってもらうにはどのように説明すればよいでしょうか？

Answer

再発防止対策を要求されたのであれば回答しなければなりません。

労働災害が発生した場合の安衛法に定められた対処の仕方を説明すると理解が得られるはずです。労働災害発生時の死傷病報告の有無について、休業4日以上の場合には23号様式による速やかな報告が必要なこと、休業3日から1日

の場合は24号様式による四半期ごとの報告が必要なこと、不休災害については報告の義務がないことを説明してください。ただし、今回起きてしまった災害は仕方ありませんが、今後は二度と災害を発生させないとの決意で安全管理に取り組むべきです。

Question 093

契約図書に基づき工事を進めていますが、設計担当者から過剰な品質の設計変更を要求されています。建築主も望んでいないことですので断りたいのですが、上手に対応する方法を教えてください。

Answer

　設計者がデザインのみを重視するあまり複雑な納まりになって品質面で問題が生じたり、過剰な設計でコストアップになったりするケースがあります。設計者の要望に理解を示しながらも、毅然とした態度で対応する必要があります。デザイン優先により品質上の問題が生じることが予測される場合は、過去のトラブル事例などを説明してできない理由を明確にして理解してもらう必要があります。現場責任者としてお客様の方を向いて仕事をする信念を貫くべきです。

Question 094

設計者の製作物の図面承認が遅くて工程が遅れる事態になっています。このような設計者とうまく付き合っていく方法を教えてください。

Answer

　工事の全体工程表をもとに製作・発注工程表を別に作って、工事着手の早い時期に設計者の承認をもらっておくべきです。この製作・発注工程表を建築主

にも提出して設計者、施工者、建築主の三者がスケジュールを共有しておくことで工程の遅延に歯止めをかけることができます。

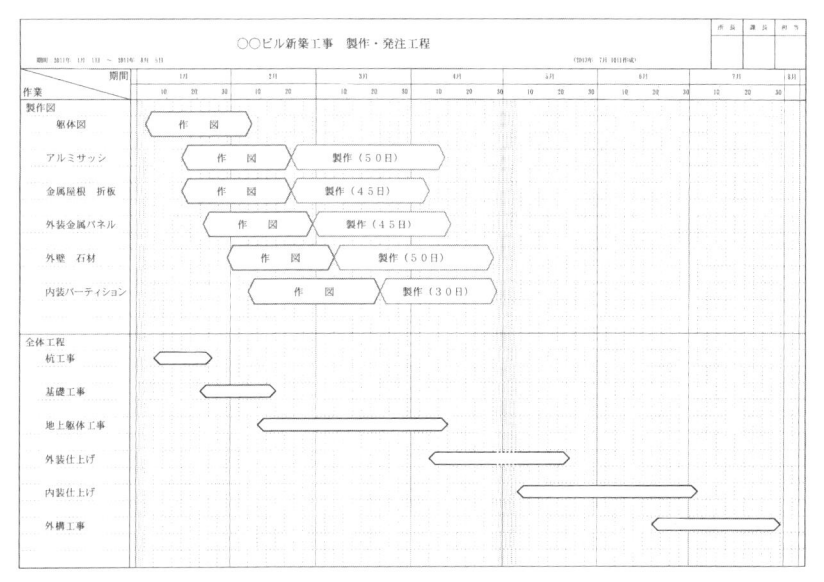

製作・発注工程表の例

Question 095

高層マンションの建設を担当することになりましたが、近隣住民から不当な建設反対運動が起こり係争となってしまいました。近隣の低層住宅からの景観が変わってしまうとの理由ですが、近隣住民の結束は固く「建設反対」ののぼり幕が現場の周囲に張られ、監視カメラが24時間現場を撮影するという異常な環境になってしまいました。どのように対応するのがよいでしょうか？

Answer

合法的に建物の建設をしていても係争になってしまうこともあります。いくら建設反対の運動が巻き起こっても裁判が終わるまでは、近隣住民には誠意を

持って対応してください。工事をいくら慎重に進めても、騒音・振動・塵埃などの発生をゼロに抑えることはできません。工事期間中、近隣に対して迷惑をかけていることは明らかですから、裁判対応とは別に普段から工事によるトラブルが発生しないように細心の気配りをしてください。

Question 096

建築主から指定された業者の施工能力が低いため、その工事をとても任せられません。当社と取引のある業者に代えたいのですが、建築主にどのように説明すればよいでしょうか？

Answer

　指定業者の施工能力を具体的に調査して、その結果を建築主に説明して納得してもらうしかありません。

①指定会社が材料メーカーの場合は製品精度を具体的に数字で示してもらいます。その寸法精度の基準となるものには、建築工事標準仕様書（JASS）および日本工業規格（JIS）、公共建築工事標準仕様書等が定めている数字があります。これらの仕様書が定めている基準値をクリアしていない会社には辞退してもらうことに建築主も同意してくれるはずです。

②建築材料を現地で組み立て・取り付けする労務職の場合は、その取り付け精度を元請の要求通りに納められるか審査してください。精度の数字の目安となるのは①と同様に標準仕様書等で定めているものを根拠にしてください。事例をいくつか挙げると下記のものがあります。

　　・鉄骨の建て入れ精度
　　・床コンクリートの直均し仕上げ精度
　　・サッシの取り付け位置の寸法許容差

③安全衛生管理の面で懸念される会社の場合は、会社としての安全衛生管理に対する取り組み姿勢がどの程度のレベルなのかを知るために安全衛生管理計

画書の提出を求め、その内容を精査して安全衛生管理水準を確認してください。

以上の通り、いくら建築主の指定とはいえ品質や安全でリスクを負うことが最終的に建築主に迷惑をかけてしまうことを説明して理解してもらうことが大切です。

3-2　現場でのトラブル事例と解決法

Question 097

外壁の改修工事作業中に足場上で作業していた作業員のヘルメットが突風によって落下し、通行人に当たってケガをさせてしまいました。治療費の全額と見舞金を当方が負担して被災者と速やかに示談したいのですがどのように対応すべきでしょうか？

Answer

工事とは全く無関係の第三者にケガを負わせてしまったのですから、こちらの非を全面的に認めて、まずはきちんと謝罪することです。ケガの程度にもよりますが治療が長引く場合は解決することを急がずに誠実に対応する必要があります。被災者のところへ足繁く通って治療経過の様子を伺い、その都度、治療費を精算することも必要です。示談を急ぐ気持ちはわかりますが相手があることですので、あくまでも相手の立場にたって進めることが大切です。被災者に納得していただくためには、一方的に自分の考え方を押し付けるのではなく、客観的な状況や根拠等を相手方に説明するなどして示談交渉を進める態度が大切です。

Question 098

型枠組立て作業中のケガを当該作業所以外の資材置き場での労災と偽って労基署に報告しましたが、「労災の付け替え」が発覚し2次会社が有罪となりました。現場でのケガを元請に必ず報告させるための良い方法はありますか？

Answer

労災隠しには2つのパターンがあります。
①故意に労働者死傷病報告を提出しないこと。
②虚偽の内容を記載した労働者死傷病報告を所轄労働基準監督署長に提出すること。

死傷病報告は、仮に労災保険による補償を受ける意思がない場合でも、安衛法で定められた報告義務であり、違反すると犯罪であることを事業主に周知させることが大切です。

ギックリ腰や蜂に刺されるなど、労働災害として認定されるかどうかわかりにくい災害についても労基署に報告して労災扱いになるのかを確認しておくべきです。作業員の職長には毎日の作業の終了報告の際に配下の作業員にケガがなかったかを報告させることも有効です。KYミーティングの実施記録を書類等で残している場合は、当日の作業における異常の有無についての記入欄を設けると記録として残すことができます。

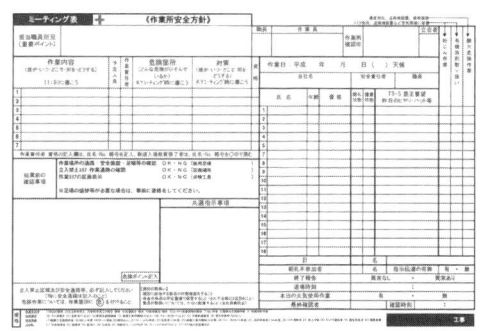

KYミーティング表の例

朝礼不参加者		名	指示伝達の有無	有 ・ 無
終了報告		異常なし	・	異常あり
退場時刻		:		
本日の火気使用作業		有	・	無
最終確認者		確認時刻	:	

退場時の異常有無の報告欄

Question 099

鉄骨建方作業中に柱上部にいた鳶工が墜落して死亡しました。鳶工の安全帯未使用が直接の原因ですが、足場施設にも不備があり元請の責任も問われるかもしれません。このような死亡災害にはどのように対処すればよいのですか？

Answer

遺族に対して誠心誠意対応し、労災保険給付申請を進めることはもちろんですが、労災保険の遺族補償給付額だけでは遺族が納得しないケースも考えられるので和解金を別に支払い、遺族との示談を滞りなく進めることが大切です。

遺族に対して誠意を尽くすことは当然のことですが、その姿勢を労基署に理解してもらうために、遺族から労基署に対して「嘆願書」を提出してもらうと遺族に対して誠意を持って対応している姿勢を労基署にも理解してもらえるはずです。

Question 100

「嘆願書」は具体的にはどのような内容にすればよいのですか？

Answer

残された遺族は深い悲しみの中でも事業者（または元請の場合もあります）が誠意を尽くしてくれたこと、示談が円満に成立したこと等を記載して、労基署が事業者（または元請の場合もあります）に対して寛大な取り扱いをするようお願いする文面にすることが大切です。

平成〇〇年〇月〇日

〇〇〇労働基準監督署長殿

遺族住所
被災者との続柄

遺族氏名　　　　　　　印

嘆　願　書

　平成〇〇年〇月〇〇日、株式会社△△建設が施工する〇〇ビル新築工事現場において、私の夫である〇〇〇〇〇が作業中に死亡した件につきまして、株式会社△△建設の皆様の誠意ある対応により平成〇〇年〇〇月〇〇日円満に示談が成立しました。私ども遺族は関係者の皆様の誠に誠意のある対応に大変感謝しております。
　労災保険につきましても、平成〇〇年〇〇月〇〇日付けで、遺族補償年金の支給決定の通知をいただいております。その間にも、株式会社△△建設の皆様には何かと相談にのっていただき、私たちを励ましていただきました。
　聞くところによりますと、この災害につきまして貴署でまだ調査中であるということですが、上記の通り私どもとして満足のいく示談でもあり、会社は既に会社を挙げて再発防止策を行っており、二度と同じような災害を起こさないという決意が伝わってきております。
　示談も成立した現在、株式会社△△建設及び関係者に処罰を求める気持ちは全くありません。つきましては、株式会社△△建設及び関係者に対しましては何卒、寛大なご処分をされますようお願い申し上げます。

以上

Question 101

作業員7人が会社に集合してワゴン車に乗り合いで作業現場に向かう途中、交通事故で5人が負傷しました。所轄の労基署から業務災害と認定され、1人が休業することになったため労働者死傷病報告を行いました。労基署から「重大災害報告書」を提出するよう求められたため提出しましたが、不休災害でも3人以上の場合は重大災害となるのでしょうか？

Answer

　厚生労働省では一度に3人以上の労働災害が発生した場合に、重大災害との位置づけをしています。これには不休災害も含まれますので重大災害となってしまいます。

Question 102

解体工事中に境界杭を破損させて隣地所有者に迷惑をかけた経験があります。
今回、新築工事において境界杭と塀を一次撤去させる必要があり困っています。どうしたらよいでしょうか？

Answer

　隣地所有者・建築主立ち会いのもとに現状を確認する必要があります。測量の専門業者に測量をさせて図面化して記録に残してください。工事完了後に測量図をもとに境界杭の復旧をして隣地所有者に必ず確認の立ち会いをしてもらってください。

Question 103

作業所前面道路を洗浄中に、歩道にはわせていたホースに自転車が乗り上げ、65歳の男性が転倒してケガをしてしまいました。2週間程度の外傷でしたが痛みがあるとのことで、その後3年間にわたって治療費を負担しています。この先どうしたらよいでしょうか？

Answer

医師の診断書から症状が固定していると判断されるのであれば、示談を申し入れるべきです。

Question 104

和解金を提示して示談を求めたところ、逆に提訴され和解金の10倍の損害賠償請求をされてしまいました。裁判に持ち込んだ方がよいのでしょうか？

Answer

3年間も治療費を負担し続け誠意を持って対応してきたこと、事故と現在の症状との因果関係が証明できないことが考えられるので裁判所の判断を仰いだ方がよいと考えられます。

【このケースの顛末】
和解金の10倍の損害賠償を要求されましたが、その後裁判所の強い薦めで和解が成立し、当初提示した和解金程度で決着しました。

Question 105

既存ビル解体工事中に近隣木造住宅の住民から騒音・振動が原因で加療が必要になったとの電話が入りました。直ちに状況確認のため、伺ったところ医療費の負担と慰謝料を求められてしまいました。騒音・振動とも行政が定める規制基準値の60dbを下回っているのですが、どのように対応したらよいでしょうか？

Answer

健康障害を発生させるほどの振動・騒音が、住居に伝わっていることはない旨を説明して、それでも納得してもらえないのであれば、近隣住民の主張も考慮し「今後のリスクを低減することが重要」であると建築主を説得して、建築主負担にて日中の退避用としてワンルームマンション等を提供する方法があります。振動・騒音による被害の負担は、民間（旧四会）連合協定工事請負契約約款第19条によると処理・解決責任は施工者にあり、賠償等の費用負担は適正な範囲で建築主とされています。ただし、注意すれば避けられた場合や、技術的に回避する手段（工法や機械工具）があるにもかかわらず実施しなかった場合は、施工者が費用負担することになります。

　第三者に対して騒音・振動の数値を公開することにより、気配りして工事を進めていることを理解してもらう効果もあります。

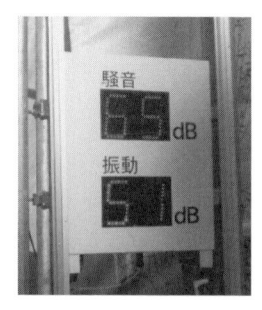

騒音・振動計を仮囲いに設置した事例

東京都内で発生した騒音苦情2,986件の約1／3は建設騒音であることからもわかる通り建設工事における騒音防止対策は慎重に進める必要があります。

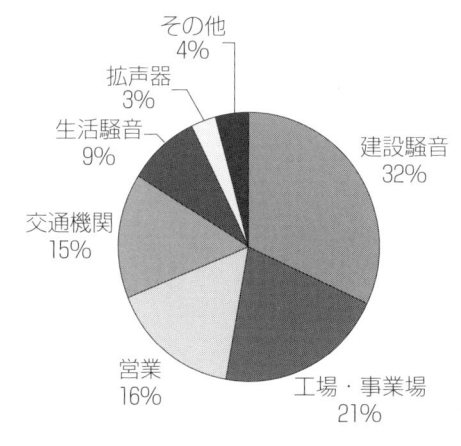

- その他 4%
- 拡声器 3%
- 生活騒音 9%
- 交通機関 15%
- 営業 16%
- 工場・事業場 21%
- 建設騒音 32%

平成12年度の騒音苦情
東京都環境局の環境資料第13081号より

Question 106

ビルの石綿除去工事を請け負い、施工は問題なく完了しました。ところが、5年後に耐震補強工事を行った際に天井裏に石綿が残っていることが判明しました。建築主からは無償で除去することを求められていますが無償でやらなければならないのですか？
建物竣工図に基づき石綿含有の疑わしき部分の調査を実施し、存在が確認された範囲の除去を請け負ったのですが、この場合どうすればよいですか？

Answer

当時の工事範囲について図面や書面等で建築主の承認をもらっている場合は無償での除去工事は断ることができますが、記録がない場合は建築主の要求を拒否することは難しいです。今後の営業戦略も考慮して、会社としてどのように対応すべきか社内で検討する必要があります。もし無償で除去工事をするこ

とになった場合でも、せめて工事期間中のテナントの営業補償費は建築主負担にしてもらうよう交渉すべきです。

この事案の問題点
　建物竣工図等の建築主から提供された情報に基づき、一定の範囲に限り調査を行うものであって、存在の確度が低くかつ破壊検査を伴う部分については、発見できないことがあります。このことを建築主に十分説明していなかったことに問題があります。調査報告書に記載されている範囲について除去するものであって、すべてを撤去することを請け負ったものでないことを文書で説明していませんでした。

対策
　請負の対象・範囲を確定することは、万一の時の重要な材料となります。受注活動・引き合い時から、十分説明し建築主の納得を得るのは当然ながら、その記録を整備することが重要です。
　記録のためのツールとして次のものを使ってください。

①	受託契約書（調査計画書を添付）
②	議事録
③	調査報告書に明示

Question 107

協力会社の設備業者が配管撤去の際に誤って石綿含有のおそれがある部材（配管保温材）まで解体してしまいましたがどうすればよいのですか？

Answer

　直ちに作業場所を区画封鎖してください。そして、石綿粉塵濃度を測定し、当該保温材は分析会社にて石綿含有の有無を確認してください。

事故発生に至った原因
①当該機械室は1995年～1997年の間で熱源改修（他社施工）を行っており、竣工当時の配管・熱源改修時の配管が混在していました。配管エルボの石綿含有部材は1990年以降市場に出回っていないことから下記の区分けを行いました。
　・アスベスト含有断熱材→竣工時の配管（綿布巻き）
　・アスベスト不含断熱材→1995年以降に更新した配管（アルミテープ巻き）
②配管の解体範囲の設定と確認不足
　上記の区分けをもとにして配管撤去範囲のマーキングを行いました。その際に部分的にアルミテープと綿布が施されている部分がありましたがそれらも撤去としてマーキングしました。
③現地調査における思い込み
　綿布巻きの配管でスチロール保温材が使用されているものがあり、エルボ部分までスチロールが使用されているものは撤去可能と判断しました。（実際にはエルボが分割式になっており、突合せ部に形成材が使用されていました）
④上記の内容を当社・協力会社で十分協議・確認がされないまま撤去作業を行っていました。

Question 108

現場の同僚が、「地回りが来てどうにもならない。挨拶がわりとして所長が多少お金を払ったようですが、１ヵ月ごとにくるみたいだ！」と話しています。自分の現場でもそうなるのでしょうか？
何でそうなってしまうのでしょうか？

Answer

　暴力団は勢力を拡大し、７万人といわれる構成員を囲うためにも資金が必要です。資金集めのためには手段を選ばず「言いたい放題やりたい放題」です。資金集めのため自分たちの地域（縄張り）を配下に収めます。この暴力団同士の縄張りの奪い合いが抗争となり、一般住人の平和な生活を脅かす大きな原因になります。

　通常、「組」の紋章や事務所の看板を得るために、上部組織に上納金を納めなければならず、「組」に所属する暴力団の構成員は、自らと手下（チンピラ・パシリ）を使い、上納金と自分の生活費を稼ぎだすため「シノギ」を削り犯罪に手を染めていきます。現場に来る「地回り」がこの手の資金集めと思われます。これらの資金は上納金として上部組織に吸い上げられ、幹部は優雅な生活を送ることになります。

　貴方の先輩や同僚の現場での出来事は間違っています。暴力団に資金を与えて肥え太らせていることになります。早い時期に会社ぐるみで暴力団との関わりから縁を切って、安全で明るい現場づくりに意識を傾注すべきです。

　暴力的で理不尽な資金集めの犠牲になるのが一般の市民です。額に汗して働くこともせず、自分たちの懐のみいっぱいにさせることは到底許されることではありません。

　これらのことを法的な規制をかけ、処罰を加えて平和な生活を取り戻すために「暴力団員による不当な行為の防止等に関する法律」（通称「暴対法」平成３年５月15日施行）が制定され、時に応じて改正や追加の施行が行われています。

第3章 現場運営のセンスアップ

Question 109

繁華街での長期工事です。暴力団（組）の事務所も近く何らかのトラブルは避けられません。事前にどんな準備をしたらいいですか？

Answer

　現場事務所開設前の計画段階で、所轄警察署の暴力団対策担当課に行って対応策について相談し指導を受けてください。暴力団（組）事務所の場所や最近の動向、何かあった時の連絡先、注意事項、担当官の氏名などの情報を入手する必要があります。

　場所的にも時間的にも暴力団の標的としてアタックを受けます。元請から協力会社、専門業者を含めた、社員・従業員・作業員に至るまでアタック時の対応について、周知をしてください。現場作業では暴力団員の付け入る隙や機会はいくらでもあります。

　アタックがあった時の対応要領10カ条として

1. 相手の確認──名刺などにより、住所・氏名・団体名・人相風体・車のナンバーなど知り得る情報は記載しておきます。
2. 用件の確認──何の用件か・何を要求しているか、相手にいわせることが大事です。
3. 暴力団（組）事務所には絶対に行かない──面接があればこちらから有利な場所を指定します。
4. 短時間で打ち切る方策を考えておく──長くなれば相手に有利になります。
5. 相手より多い人数で対応──不測の事態を避け、人相風体や要求内容の確認をします。
6. 交渉経過の記録──事前にビデオカメラの設置、メモ、録音機で記録してください。（正確な報告に必要です）
7. 不用意な言動はしない──事実不明の時点の「すいません」「善処します」

は禁句です。その場逃れの発言は後を引きます。
8．念書・一筆は書かない──苦し紛れの即答、約束は禁物、文章は利用されます。
9．解決は急がない──相手のペースに乗らない、解決を急ぐと足元を見られます。
10．トップは対応しない──トップの発言は会社の決定、訂正・撤回ができなくなります。

　いつアタックがあってもいいように、用意周到で待ち構えてください。事前に相談をしている所轄警察署には誰が連絡するのかを決めておいてください。

Question 110

会社では地元の苦情や地回り対策など現場任せです。地回りの件で上司に相談すると「お前のところで何とかしろ！」「それがお前の仕事だろう！」といわれました。どう対処したらいいですか？

Answer

　会社のトップや幹部・上司に「暴力団からの不当な要求に応じない」という意識がなければ、現場の担当者がいくら頑張っても暴力団からの被害を防ぐことはできません。「会社に迷惑をかけない」で解決を迫る会社幹部・上司はまず警察沙汰を嫌います。警察沙汰になること自体、仕事上でミスを犯し信頼感や評価を落としたと考えるからです。暴力団と正面から対応をしている現場担当者を評価しない会社は、暴力団に付け入る隙を与え、介入を助長させ、多くの損害を出すことになります。社会的にも「何だあの会社は…」と批判されることになります。逆に正々堂々と対決している会社は、社会的にもよい評価を受け、社員一丸となって働ける立派な会社といえます。

　誰しも自分の働く会社を、社会の批判を浴びて経営を劣悪にしたくはありません。同じ考えをしている上司・先輩・同僚・部下と、会社の将来について真

剣に話し合ってみるのも一考です。自分の考え方を熱く語るのも大きな解決策に結びつきますので実行してみてください。

Question 111

今度着工する小規模工事現場の近隣に暴力団事務所があります。大型車の出入りや交通規制をかけたりします。工事の説明に伺うことになりますがどうすればいいですか？

Answer

　地元住民へ工事概要の説明を行い、事前に了解とご協力をいただいてから着手になります。「暴力団」事務所も当然その範囲になります。

　所轄警察署の暴力団対策担当課を訪ねて着工前協議をお願いし、「暴力団」事務所への訪問内容について打ち合わせをして指導を受けてください。粗暴的なケースでは多人数で訪問したり、ことによっては警察官の同行も必要になりますが指示に従ってください。道路の交通規制についても、可能な限り地元住民に影響が少ない方法の選定が必要です。所轄警察署交通課や交通規制係の道路使用許可証（主要道路や交通規制規模・規制期間等によっては都道府県警察の稟議事項）を得てから地元の説明に着手してください。（前記、対応要領10カ条を参考にしてください）

Question 112

暴力団事務所から「あんたのところの下水工事で砂埋めのところに発生残土を埋めている。役所に届けるがいいか！」と連絡が入りました。事実関係がわからず苦慮しています。どうすればいいですか？

Answer

建設現場では慎重な計画をもとに、法令順守を旗印に安全対策、品質管理、工事公害・環境対策、近隣対策等、さまざまな問題に全身全霊を傾注して工事を進めますが、反面、暴力団員にとっては、ささいなミスなどのユスリ・タカリの口実はいくらでも存在します。それが建設現場といっても過言ではありません。

ささいなミスや取って付けたようなでっち上げのミスに付け入り、不当な要求をしてきます。これが彼らの常套手段です。

当然、所轄警察署には暴力団員のアタックがあったこと、指摘が工事ミス等についてであった旨の連絡をしてください。

手抜きなどの指摘には、正確な調査を行い、手抜きがあったかどうかの事実をしっかりと把握してください。言葉だけの回答ではなく、資料（計画書・仕様書・検査表・写真等）を提示するのも一手ですが、彼らは理解しないで高圧的な態度になります。資料は一切渡さないでください。

工事ミス等の指摘も正確な事実調査を確認してからの回答になりますが、お詫びをするときは、誠心誠意を持って行ってください。

それ以上に、高圧的に金品等（誠意を示せ！）の要求をしてきたら、暴力的な不当要求行為となり「暴力団対策法」違反になります。事前連絡した所轄警察に連絡をしてください。

暴力的不当要求事項について「建設現場」で発生しそうなものを列記します。

1. 口止め料の要求
2. 寄付金・賛助金の要求

3．協力会社参入、物品購入の要求
4．みかじめ料の要求
5．用心棒料の要求
6．地上げ屋行為
7．不動産明け渡し料の要求
8．示談への介入
9．言いがかり行為

　その他にも18項目の強権的な要求行為がありますが、すべて「暴力団対策法」上の暴力的不当要求事項になります。

Question 113

身なりの立派な来客があり「あんたのところの協力会社に△△興業ってのが入ってるが、あそこは作業員に金は払わないし、ケガしてもそのままだ。協力会社失格だ！そんな協力会社より、俺が責任もってやってやるから頼むよ！役所に知り合いもいるし！」といってきました。事実かどうかも不明で、お断りしたいがどうすればいいですか？

Answer

　建設現場では、「ものづくり」をするための作業員といろいろな資機材物品が必要です。建設業の重層下請負構造に目をつけ、合法的に見える協力会社で参入しようとします。ほとんどの場合、協力会社になっても二次協力会社にはピンハネの丸投げ発注をします。当然ですが建設業法違反（一括丸投げの行為）にあたりますし、違反の内容によっては安衛法や派遣法・職業安定法違反の適用を受けることになります。

　一方、参入させると大きな問題を抱え込みます。公共工事（官庁補助金工事含む）や大型民間工事でも、協力会社傘下に暴力団関連企業の参入が明白になっ

た場合、受注取り消しや排除の命令、競争入札に参加できなかったり、指名停止などの処分を受けたりします。当然「官報」にも掲示されるケースもありますので、社会的にも制裁を受け、世間から背を向けられることになり、企業としては甚大な損害を受けることになります。

作業員の質的な問題も発生しますが、物品の押し付け購入では、規格外であったり劣悪な品物も見受けられます。同時に一般的には高価な買い物を押し付けられる羽目になり、品質・安全・原価等管理に大きな支障を来すことになります。

△△興業の存在と暴力団との関係の事実調査、賃金支払いの事実確認、労災事故の有無調査などが絶対に必要な事項となります。

基本的には毅然として明確にお断りし、未然に暴力団の介入を防いでください。(前記、暴力的不当要求事項を参照してください)

Question 114

交通誘導員の誘導が悪いと指摘されました。こちらのミスもあり、お詫びをしましたが大声で怒鳴り、入れ墨をわざと見せ、カラーコーンを蹴飛ばしたりします。警察を呼びたいのですが仕返しが嫌です。対応の時間を費やすのも嫌です。何とかなりませんか？

Answer

交通誘導員の誘導ミスが事実なら、当然誠意を持ってお詫びしたことと思います。チョットしたミスを大事にして付け入ってくるのが、彼らの常套手段と心得てください。

大声での怒鳴り声など内容を記録してください。恫喝も暴力にあたりますし、入れ墨を見せての恐喝脅迫、カラーコーンの蹴飛ばしについては器物破損にあたります。従来の「刑事事件の対応」からこの「暴力団対策法」は、千差万別な暴力団員の違法行為すれすれな行為にも対応していくための画期的な法律で

す。ことによってはその場で暴力団員に対して「中止命令」「再発防止命令」をかけ、従わなければ重い罰則も適用されます。

　古くは、仕返しを恐れて「暴力的不当要求」に従ったケースが多く見受けられました。しかし、この不当要求が明確であって、その「仕返し（お礼参り）」となると、彼らも多くの犠牲を払うことになります。仕返しの事実が判明すると「逮捕拘束」となり、その暴力団員の所属する「組」の代表である「組長」にも類が及んでいきます。その旨、所轄警察署と密接な協議（報告・連絡・相談）をしながら対応してください。

Question 115

地元の町内会顧問代理を名乗ってそれ風の2人が来ました。「隣の△△建設から地元賛助金と安全協力費をもらってるが、あんたのところも協力をお願いしたい！」同業他社が支払っているのに、当社が払わないと仕事に支障がでそうです。どうしたらよいか教えてください。

Answer

　町内会顧問として地元の賛助金、安全協力費の納入を要求していますが、町内会の代行として認められた立場の人かどうかの確認が必要です。同じ町内会というだけで相談に乗ること自体に問題があります。よく調査をしてください。

　彼らの常套手段には、「隣の△△建設㈱が賛同しているから、あなたのところも！」や「隣の工区施行の××会社がしてくれているのに！」、「あんたの会社の社員で〇〇さんがしていてくれるのに！」、これらの類の介入を許してはいけません。本当の町内会対応であれば、同業他社と協議して地元対応の共同歩調を取る必要が出てきますが、介入の口実であれば、同業他社との事実確認も必要になります。事実であっても、この類の賛助金・安全協力費の納入に共同歩調を取る必要はありません。

当然、事前準備から所轄警察署と連携が取れていれば、早速相談に訪れるのも一考です。隣の所長とも連絡を取り合いながら「当方の暴力団対策について」を呼びかけていく必要があります。建設業界は業界全体で対応していることを知らしめてください。建設業界では「建設業暴力追放協議会」が各県単位で組織されています。都道府県の「暴力追放運動推進センター」などの利用から、これを機会に横の連携を取り合うチャンスと捉えてください。情報交換の場を設けて、同じ悩みを持つ同業他社と建設現場での対応を話し合うことも必要です。

Question 116

現場が暴力団対応に苦慮している様子で、会社ぐるみの防衛体制をつくりたいのですが何かいい知恵はありますか？
厳しい現場作業で捻出した大切な利益を働きもしない者が横取りして儲ける事態が許せません。どうすればよいですか？

Answer

特に暴力団の格好な標的が建設業界といえます。市場規模50〜60兆円と最大規模で、大手建設業者から中小業者を含め50万社といわれ、そのすそ野は膨大なものがあります。彼らにすると絶好の標的です。建設現場でのトラブルには付け入る隙はいくらでもあります。古い時代には不定期な工事に安い労働力を得るため、暴力団の介入を許していた時期もあり、いまだに暴力団関連企業があるといわれます。

時には暴力団関連会社として、暴力的威嚇を笠にして経済活動をし、その資金を得て、経済界に大きく参入している場合もあると聞いています。

経済界の一建設業の会社として、会社を挙げて「暴力団追放」に臨む姿勢を現場を含めて考えてみましょう。

会社として大切なのは、暴力団の介入は「危機管理の重点」として捉えるこ

とが重要です。時によっては会社の経営を左右する事態まで発展するケースもあります。

　会社のトップ・幹部から率先して「暴力団からの不当な要求には絶対に応じない」という決意をしてください。当然建設現場の社員のみではなく、協力会社や作業員、納品業者等に周知徹底をする必要があります。前段で述べたように、「現場でうまくまとめるのが所長の仕事だ！」「会社に迷惑をかけるな！」など、暴力団にお金を渡して解決をはかり、穏便にことを済ますような社員が会社で評価されるようでは暴力団に狙われる口実を与え、将来の希望が持てない会社になってしまうかもしれません。

　民事介入や不当な要求に対しては勇気を持って断ることが必要です。1つの介入に対しては、関連するラインの管理者が知っていること、適時に各階層が助言できることなど、会社を挙げての体制づくりをお勧めします。本社・支社・部署などには必ず担当責任者を選任（責任者講習資格者）すること、関係機関が行う講習会に参加したり、講演をお願いしたりして対応の知識を得ることも大切なことです。

　現場での暴力団の介入がスムーズに報告され、会社を挙げて、現場をバックアップするなど、一丸となって対応可能な体制をつくり上げることが重要です。

　単体の会社としての対応から、業界を挙げての対応が必要です。会社のトップや幹部は、外部組織（建設業暴力追放協議会・暴力追放運動推進センター・所轄警察署）や同業他社との連携が必要になります。

　会社幹部が率先して、関連機関の指導を受け、社内の「暴力団対策マニュアル」などを作成し、自社および関連協力会社に周知してください。

もしもの時の対応

第4章

概説

　どんな建設現場でも不測の事態が起こる可能性は否定できません。なかでも災害が発生したとき、いかに対応するかという問題は各企業にとって大きな課題として残っております。

　特に経験の浅い社員や現場責任者がいざというとき、何をしたらよいかわからず、ややもすると慌てふためいてしまうきらいがあります。

　災害などの緊急事態発生時の処置・対応では、人間尊重の理念に基づき、災害防止に努め、異常を早期に発見し、対策を講ずることに全力を注ぐことが重要です。しかし、万一災害が発生した場合、速やかな対応を行い、被害を最小限に食い止めるためには、事前の準備が必要です。

　最近の対処法として、「総合リスクマネジメント」の考え方が現在注目されています。

　まず「リスクマネジメント」（災害の未然防止・先行管理）とは災害・事故をなるべく起こさないよう対処する活動、事前対策としての予防的安全体制です。

　一方でどんな対策を事前に打ったとしても、万が一災害等が発生した際にどう対応するか考えるのが、「クライシスマネジメント（危機管理）」です。

　災害・事故や危機的な状況が発生した後、被害や悪影響を最小限にとどめるよう対処する活動、事後対応としての緊急時対応体制です。

　人は起こしたことで非難されるのではなく、起こしたことにどう対応したかによって非難されるのです。

4-1　リスクマネジメントとクライシスマネジメント

Question 117

最近「総合リスクマネジメント」という言葉をよく聞きますが、どのようなことですか？

Answer

　厚生労働省は危険性または有害性の調査（リスクアセスメント）およびその結果に基づく対策の実施を平成18年3月、改正安衛法第28条の2において事業者の行うべき措置（努力義務）として規定しました。

　このリスクアセスメントの考え方は「災害の未然防止」いわゆる「先行管理」の考え方です。災害やトラブルを発生させないために事前に対策を打っておく、という考え方です。「備えあれば憂いなし」です。

　一方でどんな対策を事前に打ったとしても、建設現場では災害等のトラブルは残念ながらゼロとはなりません。しかし、万が一災害等が発生した際、慌ててどのような対策を打ったらよいのかとあたふたとしていては現場（会社）の問題解決能力が問われてきます。

　この発生した問題、トラブルに対して、これ以上現場（会社）に不利にならないように解決・対応する、つまりいざというときにどうしたらよいかを考えるのが危機管理、クライシスマネジメントの考え方です。

```
総合リスクマネジメント
├─ リスクマネジメント（災害の未然防止・先行管理）
│    災害・事故や危機がなるべく起きないように対処する活動
│              ↓
│    「事前対策としての予防的安全体制」
└─ クライシスマネジメント（危機管理）
```

災害・事故や危機的な状況が発生した後、被害や悪影響を最小限にとどめるよう対処する活動
「人命優先にて行動する」──→「企業防衛」

⇩

「事後対応としての緊急時対応体制」

Question 118

労働災害発生時の対応で事前に現場責任者として決定・準備しておくものを具体的に教えてください。

Answer

　災害に直面した場合は、平常心を失いがちになりますが、つとめて沈着、冷静に行動することが肝要です。

　そのために事前の準備として、決定・準備が必要です。

1．緊急事態、通報先の特定

　災害・事故等が建設現場で発生した場合を想定して、あらかじめ災害の種類、程度などに応じて「だれが」「だれに」「どのように」通報するのか、その方法等緊急通報体制を確立しておくことが必要です。

　すべての災害等について現場で対応することは不可能ですので、会社の過去の災害、事故事例を考慮して会社としての緊急対応に基づいて、現場としての「緊急事態」を特定し作成します。

第4章 もしもの時の対応

◎主管部署　〇関連部署

緊急事態		連絡先	関連部門				
			安全部	土木部	建築部	管理部	営業部
労働災害	① 死亡災害が発生したとき ② 同一事由により3名以上の死傷災害（重大災害）が発生したとき ③ 瀕死の重傷・障害見込3級以上の重傷災害が発生したとき ④ 墜落災害その他、安全部長および社長等が緊急事案と認めた労働災害が発生したとき	安全部	◎	〇	〇	〇	〇
第3者災害・事故	① 死亡災害が発生したとき ② 同一事由により3名以上の死傷災害が発生したとき ③ 瀕死の重傷・障害見込み3級以上の重傷災害が発生したとき	安全部	◎	〇	〇	〇	〇
	④ 家屋等建造物、地下埋設物の損傷・損壊等により第3者の財産に著しい損害を与えた事故が発生したとき ⑤ 道路陥没、沈下、亀裂等の著しい事故が発生したとき ⑥ 電線等架空線の切断等の重大な事故が発生したとき ⑦ 鉄道車両、航空機、船舶等の運行障害事故が発生したとき ⑧ その他上記以外の災害・事故で安全部長および社長等が緊急事態と認めた第三者災害が発生したとき	施工主管部署および安全部	〇	◎	◎	〇	〇
自然災害	① 台風・大雨・大雪等により災害が発生したとき	施工主管部署	〇	◎	◎	〇	〇

137

緊急事態		連絡先	関連部門				
			安全部	土木部	建築部	管理部	営業部
	② 地震により災害が発生したとき ③ その他の自然災害が発生したとき	管理部	○	◎	◎	◎	○
工事事故	① 工事中の建造物、仮設機械、設備等の損壊事故が発生したとき ② 土石流、土砂崩壊、異常出水、ガス突出、落盤等の事故が発生したとき ③ 爆発・火災事故が発生したとき ④ 火薬類の危機物等取扱事故が発生したとき	施工主管部署および安全部	○	◎	◎	○	○
公害	① 産業廃棄物の不適切な処理により事故が発生したとき ② 環境汚染を伴う事故が発生したとき	施工主管部署	○	◎	◎	○	○
労務事故	① 労災不適正処理事案が発生したとき ② 現場内および宿舎での私病死が発生したとき ③ 現場内および宿舎内での変死、傷害刑事事件等が発生したとき	安全部	◎	○	○	○	○
	④ 賃金不払いの労務管理事故が発生したとき	管理部	○	○	○	◎	○
その他	① その他新聞、テレビ、ラジオ等マスコミに報道されるおそれがあるとき ② その他新聞、テレビ、ラジオ等マスコミに報道されたとき	管理部	○	○	○	◎	○

2．緊急事態連絡体制の整備

　現場で定めた「緊急事態連絡体制」は定期的に見直しを行い、常に最新の情報を確認し、万一、非常事態が発生した場合に備えて、会社と現場の緊急連絡方法などを関係者に徹底するとともに、必要な訓練を定期的に行っておきましょう。

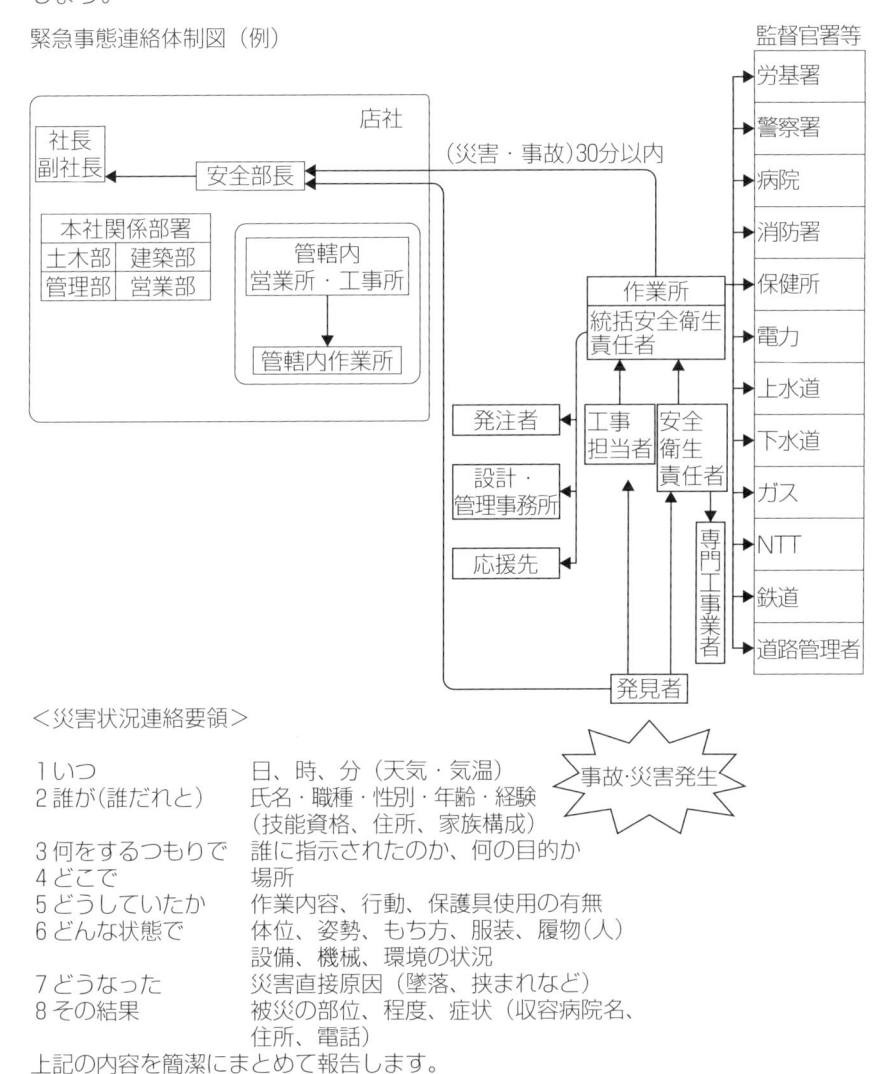

緊急事態連絡体制図（例）

```
                                              監督官署等
                   店社                        ┌─────┐
                                          ┌──│労基署│
┌─────┐                                    │  ├─────┤
│社長  │                                    ├──│警察署│
│副社長│──┬──安全部長◄──(災害・事故)30分以内│  ├─────┤
└─────┘  │                                  ├──│病院  │
          │                                  │  ├─────┤
┌─────────────────┐  ┌──────────┐          ├──│消防署│
│本社関係部署     │  │管轄内    │          │  ├─────┤
│土木部  建築部   │  │営業所・  │          ├──│保健所│
│管理部  営業部   │  │工事所    │          │  ├─────┤
└─────────────────┘  └────┬─────┘          ├──│電力  │
                          ▼                 │  ├─────┤
                     ┌──────────┐           ├──│上水道│
                     │管轄内    │    作業所 │  ├─────┤
                     │作業所    │  統括安全 ├──│下水道│
                     └──────────┘  衛生責任者│  ├─────┤
                                             ├──│ガス │
                              発注者   工事 安全│  ├─────┤
                                       担当者衛生│ │NTT  │
                              設計・         責任├──────┤
                              管理事務所     者  │鉄道 │
                                                 ├─────┤
                              応援先    専門工事 │道路 │
                                        業者     │管理者│
                                      発見者     └─────┘
```

<災害状況連絡要領>

1 いつ	日、時、分（天気・気温）
2 誰が（誰だれと）	氏名・職種・性別・年齢・経験（技能資格、住所、家族構成）
3 何をするつもりで	誰に指示されたのか、何の目的か
4 どこで	場所
5 どうしていたか	作業内容、行動、保護具使用の有無
6 どんな状態で	体位、姿勢、もち方、服装、履物（人）設備、機械、環境の状況
7 どうなった	災害直接原因（墜落、挟まれなど）
8 その結果	被災の部位、程度、症状（収容病院名、住所、電話）

事故・災害発生

上記の内容を簡潔にまとめて報告します。
第1報は、この中でわかっている範囲で行います。

Question 119

労働災害被災者の救出等で留意することを教えてください。

Answer

1．被災者の救出等

① 災害発生時には、大声で人に知らせ、連絡係と救出係に役割分担し、被災者救出を第一として活動します。二次災害のおそれがある場合は、必ず立入禁止措置を行います。例えば、酸欠災害ではピット等の内部に立ち入る前に、必ず換気を行った後に救助用保護具（酸素呼吸器等）を着用して救助を行います。土砂崩落では、二次崩落の可能性を確認し、立入禁止措置を徹底させます。必ず災害発生時の現場の状況を保存します。

② 被災者が次のような状況の場合は、救急車の出動を要請します。なお、救急車、レスキュー隊等の出動は、発生状況を見て速やかに手配します。

（イ）呼吸停止、心臓停止等で人工呼吸、心肺蘇生法が必要な場合

（ロ）呼吸困難、胸痛、胸部を強く打ちショック症状がある場合

（ハ）腹全体が緊張して痛みが強く嘔吐や吐き気がある場合

（ニ）大出血があり、ショック症状がある場合

（ホ）重度の熱症の場合

（ヘ）頭部を打ち意識状態に異常がある場合

（ト）脊椎損傷のおそれがあり、手足の一部または全部が麻痺している場合

③ 救急車の出動を要請した場合には、救急車の到着まで、必要に応じ応急手当（人工呼吸、心肺蘇生法、止血法等）を行います。救急車の現場入場の案内担当者を配置します。

④ 被災者の氏名、所属、住所等を把握し、家族に連絡します。現認者を確認します。

2．被災者を病院へ収容

① 現場開設時には病院の診療科目をよく確認し、救急指定病院を決めておきます。
② 救急車には付き添い（職長か社員）を同乗させ、病院の対応や現場事務所との連絡にあたらせます。
③ 死亡していると判断した場合には、救急隊は病院に搬送しません。この場合は警察の許可があるまで動かすことができないので、毛布、布団、シーツ等で覆っておきます。
④ 被災者のケガの状況を速やかに知りたくても、病院では個人情報の関係から、会社の人間であることを伝えても、医者はなかなか知らせてくれません。「ご家族の方と一緒に」と条件が付きますので、なるべく事情を話して的確な情報を聞き出してください。

3．現場保存と二次災害の防止

① 仮囲い、バリケード等によって、被災場所はそのまま保存します。
② 二次災害防止で緊急対応した場合には、その旨を警察や労基署の係官に話をします。
③ 他の作業は、速やかに中止しましょう。
④ 第三者の立ち入り厳禁とします。必要に応じてガードマンの配置を行います。

Question 120

現場開設時での救急指定病院の選定で留意することは何ですか？

Answer

救急指定病院の選定で留意する点は、

①　被災の程度で、頭部や脊髄関係の負傷は重大な災害になりやすいので、救急車の要請がベストです。
②　その他の単純骨折、切創などは救急指定病院まで現場の車で緊急搬送してください。
③　指定病院は診療科目をよく確認し、レントゲン、救急処置等が可能な病院にします。
④　待ち合い者が多い大病院よりも、近くの専門病院を選定するとよいでしょう（誰が見ているかわかりません）。
⑤　地元での病院の評判も留意してください。
⑥　以上を留意して、緊急指定病院を選定し、現場開設時に、挨拶に行き緊急時の対応を打ち合わせておくことが大切です。

Question 121

災害発生時の現場緊急対応について具体的に教えてください。

Answer

　災害が発生すると、緊急対応だけでもいろいろな作業を同時に並行して行わなければなりません。そのためには日ごろから緊急時の対応等についての訓練を行い、各担当の役割分担や、具体的行動をシミュレーションしておく必要があります。

①　被災者を救出し、救急処置を行うとともに、速やかに救急車を要請または救急指定病院へ運びます。
②　現場保存に努めます。
　（イ）　災害に結び付いた作業設備の運転、あるいは作業を一時中止し、保全します。
　（ロ）　立入禁止措置を行い、二次災害防止に努めます。
　（ハ）　災害発生箇所の現場写真を撮ります。

③　所轄の労基署、警察署、本支店安全部および関係部署へ電話通報します。
④　災害発生状況、発生原因などの調査結果は、速やかにまとめ、現場として意見統一を図り、労基署、警察署、関係官庁、病院、遺族関係などの担当者を定め、対外的に不統一にならないように措置します。
⑤　報道関係は支店担当があたり、本社等の指示、協力を得て慎重に行います。
⑥　第１報の確認と、その後に判明した事項を第２・第３報として、会社関係者へ追報します。
　　なお、現場事務所には連絡対応のため、社員が少なくとも１人以上常駐し、連絡対応、問い合わせに支障を来たさないようにします。
⑦　病院へ被災者と同行した者には15分ごとに現場事務所に連絡させます。

4-2　現場における労災保険

　労災保険とは正式には労働者災害補償保険のことです。
　建設業においては、一般的には元請業者が事業主として労災保険の成立手続きを行う必要があります。
　建設現場の場合、その工事に従事する元請社員、現場作業員の事業者を除くすべてが対象になります。
　詳細は労災保険法を理解しなければなりませんが、ここでは現場責任者として理解していなければならないポイントについてお話しします。

Question 122

協力会社の経営者が現場で災害にあった場合、労災保険の適用はどうなるのでしょうか？

Answer

　法人登記されている会社の場合、役員として登記されていれば労働者として見なされず、労災保険の適用はありません。経営者と見なされる人が現場に出て自らも作業を行うのであれば、労災保険の中小事業主用の特別加入制度やその他の傷害保険に加入して、不慮の災害に備えるよう指導してください。

　建設業は重層下請負構造から成り立ち、二次協力会社、三次協力会社の中には、まだまだ会社組織が零細なものが多く、事業者が自ら現場で指揮、作業を行うケースも見られます。新規入場者教育時に必ず確認し、指導することがよいでしょう。

　ただし、気をつける必要があるのは、特別加入されていても、即事業者とは限りません。経済環境が厳しい状況下では、協力会社は今まで直接雇用していた作業員に別会社を名乗らせ、職長を社長として特別加入しているケースが多く見受けられます。実態は労働者と変わらず、親会社の指示のもとに作業を行い、賃金を得ていれば、労働者となり、元請現場の労災保険が適用になります。災害発生時は実態確認を行い、労基署に相談してください。

　労災保険の扱いがどうあれ、現場で災害が発生しているなら、安衛法は適用されますので、速やかに労基署に報告してください。

Question 123

通勤時も労災保険の適用があるのですか？

Answer

通勤の定義は、住居と就業場所の往復、就業場所から他の就業場所への移動等を合理的な経路および方法により行うことをいいますが、この通勤による負傷、疾病、障害、または死亡があれば、通勤労災として適用されます。また、交通事故の場合も車両保険が優先されますが、必ず届出が必要になります。現場内で起きていなくとも、必ず所轄の労基署に報告してください。ケースによっては、通勤でなく業務上災害になり、工事の労災保険の適用になることもあり、勝手に判断せず、労基署に報告し、指導を受けてください。

Question 124

業務上の扱いになるのはどのような場合ですか？

Answer

・自宅から道具、材料等の準備のため会社に寄り、その後担当工事に行く。
・宿舎から会社の車で担当工事に行く。
・自宅から会社に集合し、担当工事に行く。

　これらの場合は通勤扱いにならず、業務上の扱いとなり、工事の労災保険適用となります。何れにせよ通勤時の災害はよく調査を行い、報告を怠らないよう気をつけましょう。

Question 125

脳疾患、心臓疾患、精神疾患も労災認定されるのですか？

Answer

発症前の勤務状態を調査し、過重労働が認められれば労災認定されます。

認定基準

　発症前1ヵ月間につき100時間を超える時間外労働があり、または発症前2～6ヵ月間を平均して80時間を超える時間外労働がある場合は、業務と疾患発症の関連性が非常に高いとされ、認定されます。また精神疾患も発病前おおむね6ヵ月間に業務に起因する強い心理的負荷が認められたり、職場内でのイジメ、パワハラ、セクハラが長期間にわたり繰り返されていれば認定される可能性があります。

　現場の勤務環境は厳しいとは思いますが、自分を含め、部下の勤務状況を把握し、労働時間管理を徹底し、風通しのよい、明るい現場環境をつくってください。

Question 126

労災隠しということをよく聞きますが、どういうことですか？

Answer

　休業を伴う労働災害が発生したにもかかわらず、事業者が労働者死傷病報告書の提出を怠ったり、発生内容、発生場所等に意図的な偽りがあった場合に労災隠しとなります。

　また、報告義務は事業者にありますが、提出に関し、元請の関与があれば元

請も同罪（共犯）となります。基本的には報告義務違反ですが、安衛法はこの報告を重視し、罰則規定があり、正しい報告が意図的にされない場合、捜査の上、書類送検になります。労基署は災害の報告が正しくされないと、労働者の救済はもちろん、再発防止対策が適切に実施できず、災害の減少を図ることができないとして、重要視し、必ず送検手続きを行います。また、この罰則は両罰規定もあり、法人も処罰を受けてしまいます。そして労基署はこの件をプレス発表し、マスコミに公表します。災害の程度が軽く、この位は…と思ったことが大きな問題になります。

Question 127

なぜ、労災隠しが起きるのですか？

Answer

協力会社としては
- 報告すれば発注停止等のペナルティーがあり、仕事をもらえなくなる。
- 軽いケガなので治療費や休業補償費は自社で負担できる。
- 自社の資材置き場で労災保険を成立しているので、そこで起きたことにすれば、労災保険が使える。
- 今回は直接雇用しているが、本人が特別加入しているので、それを使えばわからないで処理できる。

元請社員としては
- 建築主に報告すると指名停止になる。
- 社内でも大きな問題になり、説明、報告が大変。
- 協力会社も自分のところで対応するといっている。

というような安易な考えで労災隠しが行われています。

Question 128

労災隠しはなぜ発覚するのですか？
またその影響はどのようなことが考えられますか？

Answer

　経済環境が厳しい現状では当然協力会社の経営も余裕はなく、補償費の長期化、後遺障害の発生等の負担に耐え切れず、補償の打ち切りがされ、被災者からの訴えが出されます。つまり金の切れ目が…ということです。このケースが多いのですが、他にも

・災害が発生した工事の他業者、同僚作業員等からの労基署への申告、いわゆるタレコミで。

・被災者本人が、事業主からだけでなく、労災保険からも補償を受けようと、労基署に申告する。

・労基署が報告された死傷病報告や休業補償給付請求書の内容に疑義を感じ、調査をする。

等々があり、ほとんどが発覚すると思わなければなりません。また、労基署が情報を得た場合、強制捜査も行われ、厳しい事情聴取で元請が関与していれば100パーセント明るみに出ます。

　書類送検がされるとマスコミを通じて個人も法人も社会的制裁を受けますが、多くの自治体からの指名停止、また、刑が確定すれば監督官庁の国土交通省の指名停止処分も行われ、会社自体も大きいダメージを被ります。あなたはこの責任を負うことができますか？とても個人的には無理でしょう。また、企業としても労災隠しには厳しく、社員が関与した場合、解雇も含む懲戒処分をする場合もあります。

　重大性をよく理解して、日頃から社員間、協力会社、作業員とのコミュニケーションをとることが必要です。

4-3　労働基準監督署への対応

　建設工事を行うには、さまざまな法律を順守しなければなりません。その中でも労基法や安衛法は細部まで規定があり、現場責任者としては大変ですが、現場の安全管理を推進していく上で重要な法律です。労基署はその法律を監理しているため、気楽に行きづらいのですが、各種計画届、設置届、落成検査、審査等、現場に密接な役所でもあります。建設担当が決まっていて、事前に法的解釈の相談、専門官による技術的指導を受けることができます。しかし、労基署の業務の中で、臨検と災害調査があり、この対応に戸惑うことが多いので、

ここではその2点についてお話しします。

4-3-1　臨検監督への対応

Question 129

臨検監督とは何ですか？
また、その対応はどうすればよいのですか？

Answer

　労働基準監督官が行う行政指導のことです。労基署の年間計画、6月の安全週間の準備期間、12月の年末年始、労働災害防止強調期間等に定期的に実施するものや、労働者からの申告で実施する場合があります。また、建設災害が増加し、そのため緊急に一斉監督を行うこともあります。現場に予告のある場合もありますが、通常予告なしで立ち入り、法違反がないか調査し、指導、是正を行います。突然来られ、対応しなければなりませんが、労働基準監督官は臨検調査を行う権限と司法警察官としての職務権限があり、真摯に対応しなければなりません。

　しかし、臨検に備えてビクビクする必要はありません。いつ来られてもスムーズに対応できるよう日頃からシミュレーションしておくとよいでしょう。

　通常の臨検は、現場入場後事務所で概要、現況説明を受け、その後現場点検を実施します。事務所に戻り書類確認を行い、指摘、指導をします。通常この流れで実施されます。その時のポイントについて記述します。

・工事関係者以外の方が入場した場合、必ず事務所に案内するようガードマンを教育しておけば、まず工事概要の説明から始まり、臨検がスムーズに行われます。

・安全関係書類も日頃から整理しておきましょう。意外に書類が見つからず、印象を悪くする場合が多くあります。

第4章 もしもの時の対応

- 現場点検時には日頃からの安全通路に対する意識、整備がポイントになります。
- 労働基準監督官は現場入場口でその現場の安全管理の印象を強く感じます。特に整理整頓に日頃から気を配りましょう。
- 現場点検の際は、社員はもちろん、主職の職長、特に鳶を同行させて仮設の不備があれば、その場か、労働基準監督官が帰る前に是正、確認をしてもらうことがよいでしょう。
- 兼務工事で対応する社員が不足なら、支店等の応援を頼み、会社ぐるみで対応しましょう。
- 過重労働に対する調査もあります。勤務時間管理の書類も必要になります。

Question 130

臨検時に不備があるとどのような措置がされるのでしょうか？

Answer

　全く問題がなければ書類交付はありません。しかし書類として交付されなくとも口頭で指導があれば必ず是正の報告をしてください。また、臨検結果は必ず支店等に報告し、全社に展開しなければいけません。書類としては、

- 指導票…法違反以外が対象。
- 是正勧告書…法違反が前提。改善しない場合は送検。
- 使用停止等命令書…法違反が前提。命令に従わない場合は送検。
- 警告書…改善報告がない場合は送検。

　ここで一番注意しなければいけないのは使用停止等命令書です。この状態だと死亡・重大・重篤な災害が起きる可能性があり、使用停止を行うものです。大きな災害を起こしたことと同様の重みがあります。速やかに是正し、報告してください。この命令書が出されると、再度の臨検が実施されます。ここで同様の違反があれば災害が起きていなくとも送検されます。これを事前送検とい

151

います。いずれにせよ書類が交付され是正報告を行う場合は、たとえ現場所長宛であっても、支店等上位部署に報告し、会社として改善に取り組んでください。

4-3-2 災害調査への対応

　災害や事故が発生した場合、救急車の手配、二次災害の防止、病院への移送、得意先や社内への連絡、そして労基署、警察等にも通報しなければなりません。
　これらの連絡を緊急時に速やかに行うことは、大変なことです。日頃から緊急時の連絡先の一覧表を掲示し、連絡体制を整えておきましょう。ここでは労基署の対応を中心にお話しします。

Question 131

速報しなければいけない災害とは？

Answer

・死亡および重大災害…一時に3人以上が被災する災害で負傷の程度は問わない。
・障害等級7級以上が見込まれる重篤災害。
・休業2ヵ月以上の災害。
・休業1日以上の次の中毒、または障害…すべての有毒物質による障害、中毒。電離放射線による障害。圧気工法による高気圧障害。酸素欠乏症。現場から排出された有害物質が原因で環境汚染が生じ、社会的問題となったもの。
以上があり、大きな災害でなくとも、速報する必要があります。

Question 132

人身を伴わぬ物損事故でも速報しなければいけないのですか？

Answer

・火災、爆発事故、研削砥石等の高速回転体の破裂、巻き上げ機等の索道の鎖または索の切断、建設物等の倒壊。
・クレーン、移動式クレーン、デリックの倒壊、転倒。ジブブームの破損、ワイヤーロープの切断。
・エレベーター、建設用リフトの昇降路等の倒壊、搬機の落下、ワイヤーロープの切断。
・ゴンドラの倒壊、転倒、アームの破損、ワイヤーロープの切断。

　以上が人身災害でなくとも事故報告をしなければなりません。報告義務は事業者ですが、速報は元請がすべきです。

Question 133

通報のタイミングはどのようにしたらよいですか？

Answer

　第1報の遅れは労基署の心証を損ねるおそれがあります。できるだけ速く災害、事故の程度、概要を把握し、電話連絡をしましょう。休日、夜間であっても留守電に入れ、簡単な内容をFAXしておくとよいです。詳細は第2報以降で構いません。労基署は留守電の担当が決まっていて、必ず内容は伝わっています。また、救急車を呼んだ場合は必ず警察にも連絡してください。警察には救急隊員から通常連絡が入りますが、あくまで隊員の判断で、容態が病院についてから悪化した場合は通報されないこともあります。

Question 134

災害調査の対応はどのようにしたらよいですか？

Answer

- まず災害発生場所をバリケード、ロープ等で立ち入り禁止とし、現状保存を行ってください。前述した速報しなければならない災害、事故については、必ず現地調査が行われます。警察も同様ですが、警察と労基署は連絡を取り合い、合同で行ったり、時間を調整して調査します。おおむね警察の調査が先行して行われます。調査には災害の現認者、共同作業員、職長、元請担当者を立ち会わせてください。
- 安全関係書類も用意し、いつでも提出できるようにしてください。その際、不備があっても決して作成、改ざんを行ってはいけません。必ず発覚し、心証を極めて悪くします。書類がなくとも作業員からの聞き取りで理解できます。
- 重大な法違反があると思われた場合は、調査から捜査に切り替えられます。労働基準監督官は刑事訴訟法に基づく業務を遂行する司法警察員の立場になります。この判断はわかりにくいのですが、最後に書類を調べコピーではなく、原本を押収された場合はこの時点で安衛法違反の捜査が開始されています。
- 災害の調査、捜査が進むと関係者の事情聴取が開始されます。事前に連絡があるので協力してください。
- 事情聴取は作業員から開始されます。日頃の元請社員の安全管理状況が反面調査でわかります。ここで違反が認められると今度は担当社員から工事責任者の事情聴取となります。

Question 135

再発防止対策の提出はいつすればよいのですか？

Answer

　現場検証が終わったら、まず現状保存を解除してよいかを確認してください。場合によっては再調査のため、数日間保存を指示されることもあります。また被災した作業を再開するためには、再発防止対策を提出し、了承を得ることが必要です。最近は労基署が許可しても得意先の了承がなかなか得られない場合もあります。工事は早く再開したいですが、現場だけでなく、会社として対応しなければいけません。

4-4　労働災害の発生に伴う諸問題

　災害が発生すれば、当然被災者の生命、身体、財産が脅かされ、本人だけでなく家族の生活にも大きな影響を与えます。被災者や家族を救済するため、労災保険をはじめとして各種の損害賠償保険による救済や、民事上の示談を行う場合も出てきます。また、工事の一時ストップや工程の遅れ、再発防止に対する人材の投入、災害報道による企業の社会的信用の失墜等、企業経営に与える影響も大きいものがあります。さらに安衛法、刑法による刑事責任の追及や、行政責任を問われ行政処分が行われる場合もあります。ここでは現場責任者として追及される刑事、行政、民事、社会的責任についてお話しします。

Question 136

労働災害に対する刑事責任とは何ですか？

Answer

警察署と労基署がそれぞれの立場で法違反の捜査を行い、責任を追及します。

警察署…業務上の過失責任を追及
［刑法第211条…業務上過失致死傷罪］
　業務上必要なる注意を怠り因って人を死傷に致したる者は5年以下の懲役もしくは禁固または20万円以下の罰金に処す。
［刑法第61条…教唆犯］
　人を教唆して犯罪を実行せしめたる者は正犯に準ず。
　取り調べは災害に最も近い、過失を犯した者から会社の上位者へさかのぼっていく個人責任の形を取ります。
　被害者側が災害について不満が大きく、民事でも争う場合は、法違反があれば送検を行う場合が多く、早期の示談が有効です。しかし、公衆災害等でマスコミに取り上げられた場合はこの限りでなく、違反があれば送検の可能性が高くなります。

労基署…労基法違反、安衛法違反の追及
　罰則規定のある重大な安衛法違反が捜査により認められれば送検手続きを行います。
［安衛法第119条］・6ヵ月以下の懲役または50万円以下の罰金に処す。
［安衛法第120条］・50万円以下の罰金に処す。
［安衛法第122条］・第119条、第120条の違反行為をしたときは、行為者を罰するほか、その法人または人に対しても、各本条の罰金刑を科する。
　個人が責任を問われるだけでなく、会社の責任も追及されます。送検する場

合はプレス発表を行いますので、マスコミに取り上げられ、公表され、会社経営に大きな影響を受けることになります。

Question 137

行政責任とは何ですか？

Answer

労基署、労働局、監督官庁、公共工事の建築主等から改善指示、指名停止が行われます。

労基署…使用停止等命令書、是正勧告書等の交付
労働局…安全衛生管理等特別指導店社指定書の交付…災害を起こした店社を局が1年間指導を実施。本社、支店への立ち入り調査後、是正勧告書、指導票に基づき改善報告を定期的に行う必要があります。該当現場だけでなく、局管内の全現場が臨検対象となります。改善が認められないと翌年も継続される場合があります。指定については地場店社の場合は署による指定もあり、大手ゼネコンを対象とした東京、神奈川、千葉、埼玉の各局が合同した四局合同指定制度もあります。

監督官庁・国土交通省から公衆災害、死亡事故等が発生した場合、報告を求められ、送検され起訴、判決が確定されると、建設業法に基づく、再発防止の指示処分、建設局管内の発注停止、悪質な場合は営業停止処分まで行われます。

地方自治体・中央官庁は国土交通省の基準にのっとり、指名停止処分を行いますが、地方自治体は独自の基準で指名停止を行うことが多く、特に直接発注工事は発生後、即実施される場合もあります。

Question 138

民事責任とは何ですか？

Answer

　被災者、遺族に対して損害賠償責任が生じ、民法第415条安全配慮義務違反、第709条、第715条注意義務違反、第717条工作物瑕疵責任等があれば、民事賠償を請求されます。通常は雇用している事業者に対するものですが、元請にも責任があるとして、元請を訴える場合が多くあります。訴えがなくとも、実際には請求前に示談交渉に入り、逸失利益、慰謝料の算定をもととして示談額を交渉します。

　示談額は年齢、平均賃金額、被災程度、被災状況等で変わり、最近は高額化の傾向になっています。当然、労災保険とは別なので、任意の上乗せ保険等を企業として用意していなければ、工事損益、企業経営に大きな影響が出ます。

Question 139

社会的責任とは何ですか？

Answer

　大災害、大事故、特に公衆を巻き込む災害が発生すると、マスコミが大きく取り上げ報道を行います。人身事故でなくともクレーンの転倒等は、TVの画像になりやすいので、現場上空を各社のヘリコプターが何台も飛ぶことになります。当然社名も判明し、事故を起こした会社はもちろんのこと、建設業全体の大きなイメージダウンとなり、社会から糾弾されます。

　以上が四重責任の概略です。しかし最近は企業内の規定で処分を受けることもあり、これを含めると五重責任になります。

大変厳しい内容ですが、建設現場を運営するにあたり、このような法律を理解し、順守しなければなりません。しかし、まずは災害、事故を防止し、法違反を絶滅する考えで前向きの安全衛生管理に取り組む姿勢が大切だと思います。企業防衛ということが、災害発生時に大きく取り上げられますが、現場責任者として考えるのは、まず法違反のない現場をつくりあげ、万一、災害、事故が起きてもあなた自身が、法的責任を問われることのないようにしなければなりません。言い換えればまず自分自身を守れる現場をつくりあげることが、最終的には会社そのものも守ることになります。日頃の安全衛生管理に対する積極的な取り組みが、必ずよい結果となります。

知っておきたい建設現場責任者の
基礎知識Q&A

2014年4月11日　第1版第1刷発行

編　著　　安全総合調査研究会
　　　　　代表　菊　一　功

発行者　　松　林　久　行

発行所　　株式会社 大成出版社
　　　　　東京都世田谷区羽根木1-7-11
　　　　　〒156-0042　電話03(3321)4131(代)

ⓒ2014　安全総合調査研究会　　　　印刷　亜細亜印刷
　　　　落丁・乱丁はおとりかえいたします。
　　　　ISBN978-4-8028-3131-4

関連図書のご案内

現場監督のための相談事例Q&A
―建設業法・安衛法・派遣法・偽装請負から労災隠しまで―
著者◎菊一　功

A5判・定価　本体1,800円(税別)・図書コード　2927

現場監督に関心が高い、労災隠しや偽装請負など痒いところに手が届くQ&A!
発注者から施工業者、社労士まで読める必読書!

建設業の社会保険加入と一人親方をめぐるQ&A
著者◎菊一　功

A5判・定価　本体1,800円(税別)・図書コード　3121

社会保険未加入問題と一人親方の基礎知識をQ&A形式で解説!
・元労働基準監督官・社会保険労務士の視点で執筆
・加入指導・職権適用・保険料・遡及徴収・営業停止処分までの流れを解説
・一人親方等に対する国税庁の対応についても解説

建設現場で使える労働安全衛生法Q&A
著者◎村木　宏吉

A5判・定価　本体2,800円(税別)・図書コード　3127

・多くの工事現場を立入調査した元労基署長が、助言者の視点で執筆
・労働安全衛生法の建設業に関係するであろう箇所を中心にわかりやすく解説
・元請から下請まで、それぞれの立場で知らなければならない事象を説明・解説

株式会社　大成出版社
※ホームページでもご注文を承っております。

〒156-0042　東京都世田谷区羽根木1-7-11
TEL 03-3321-4131　FAX 03-3325-1888
http://www.taisei-shuppan.co.jp/